新装版 数学入門シリーズ

コンピュータのしくみ

岩波書店

本書は，「数学入門シリーズ」『コンピュータ入門』(初版 1982 年)を A5 判に拡大したものです．新装版にあたって，タイトルを『コンピュータのしくみ』と変更いたしました．

まえがき

この本は高校生および一般社会人のためのコンピュータ入門書である．コンピュータの基本的な性質と原理を何の予備知識もなくてもわかるように，できるだけ単純化して説明したものである．コンピュータの本質は何か，ということを最大の目標にして書かれたものである．よってコンピュータについて多くの知識を与えるものではなく，実際にコンピュータを使うときの技術を説明したものでもない．しかしコンピュータは基本的には何ができるか，ということを理解し，単なる機械であるコンピュータが，あたかも知能を持った生き物のように動く理由がわかったならば，コンピュータを過大評価することも，過小評価することもなくなり，コンピュータに親しみを感ずるようになると思う．

この本はコンピュータについて何も知らない人が独習できるように作られている．本文および例題が理解できたら各章ごとにある練習問題を解いて，ゆっくり考えながら読んでほしい．

さてコンピュータは計算する機械であるから，以後本文では“計算機”という言葉を使うことにする．全体は前編と後編に分けられている．前編は計算機は何ができるか，という説明に当てられている．多くの人は電卓は利用したことがあるだろうけれども，プログラム電卓やマイコンなどとなると操作したことはないであろう．よって前編では単純な仮想計算機を頭の中に想像し，それを操作することを学んでほしい．計算機は数の四則算法と，大小の判定しかできない．しかしそれらを組み合すことにより多くのことができることを理解してほしい．仮想計算機を自由に操作できるようになったならば，仮想計算機の中身を知りたくなるであろう．後編は計算機の中身はどのようになっているか，どのように計算し，どのように判断するか，という原理的な説明に当てられている．人間が定めた例外のない規則通りに計算機は一歩一歩動いていることを理解してほしい．

前編の第1章は単純な仮想計算機について説明する．この仮想計算機を用いて計算機は何ができるかを説明する．計算機の動作をはっきりさせるために，プログラムと流れ図の説明をする．計算機が数の四則算法と大小の判定をどのような順に用いるか，ということをはっきり示すものがプログラムであり，それを見やすいように書き直したものが流れ図である．この章だけは完全に理解してほしい．もし計算機の原理に特に興味のある人は次に後編に進んでもかまわない．第2章はプログラムと流れ図に慣れるために簡単な例を集めた．第3章は大小の判定を上手に使えば自然数の素因子分解もできることを説明する．計算機にできることは四則算法と大小の判定だけだから，人間にも(時間をかければ)できるが，逆に人間が具体的に計算できることは計算機にもできるわけである．第4章は四則算法しかできない計算機がどのように平方根や三角関数を計算するかについて説明する．近似計算だから有限回の四則演算でできるのである．第5章は記憶場所さえたくさんあれば，計算機は多量のデータを上手に扱うことができるという一般的な説明をする．第6章は予測できないような現象を計算機はどのように扱うか説明する．つまりでたらめな現象をどのように規則正しく扱うかということである．

後編は前編と独立に読むことができる．第7章は数が計算機の中でどのように表わされているかについて説明する．結局0と1を用いてすべてを表わさなければならないので，2進法について丁寧に説明する．少しくどくなったかも知れないが，計算機が0と1よりできていることを理解するために大切だから完全に理解してほしい．次に第8章であるが，具体的な単純計算機を用いて計算機の動作を一歩一歩説明する．つまり9つの基本的な動作(命令)があり，その動作を組み合せると，いろいろなことができることを説明する．動作の組み合せはプログラムとして記憶装置に記憶されている．よってプログラムが自分自身を作り直すことができる．この意外な事実を理解するのは少し骨が折れる．本書の中で一番むずかしい所であろう．しかしロボットが自分と同じものを作り出し，進化することができるか否か，という問に対しての素朴な答としてどうしても理解してほしい所である．第9章と第10章は計算機の内部を物理的に説明したものである．ただ原理がわかれば十分なので，電磁石のみを用いてすべて説明することにした．第9章で論理回路を用いてどのように計算するかを説明し，第10章では0と1を区別しながらどのように自動的に動くかを説明する．計算機は考えながら動作しているのではなく，始めの状態が与えられたら，ただ一通りの変化しかないことを理解してほしい．

最後になったが，岩堀長慶教授は，私がこの本を書くように御配慮下さり，また本の内容についても固くなり過ぎないようにいろいろアドバイスして下さった．また学部学生だった末永陽子さんは，全部の原稿を読み，わかりにくい点など指摘して下さった．厚くお礼申し上げます．

昭和57年6月26日

和田秀男

目　次

後　編

前　　編

第1章
頭の中の計算機

パスカルの

人間は一本の葦にすぎない.

しかし人間は考える葦である.

考えるゆえに人間は全宇宙よりも高貴である.

という言葉はあまりにも有名である. 同じ言葉を計算機について言い替えれば

計算機は四則算法しかできない.

しかし計算機は判断することができる.

判断するがゆえに計算機は人間ができるすべての計算を高速に計算できる.

となる. 本章で, 頭の中に計算機を想像し, その計算機を動かすことにより, 計算機が判断するとはどのようなことか説明しよう.

§1 仮想計算機

計算機は計算する機械であるから, まず最低限の計算として2つの数を加えたり, 引いたり, 掛けたり, 割ったりできなければならない. つまり四則算法ができなければいけない. どのように行なわれるか, はっきりさせるために頭の中に1つの単純な計算機を想像しよう. この**仮想計算機**がどのようになっているか, 少しずつ説明しよう.

まず足し算

$$58+35=?$$

の計算を計算機に行なわせてみよう．そのためには58という数と35という数を計算機に教えなければいけない．計算機はこの2つの数を覚え，そののちに2つの数を加える．得られた結果も計算機は覚えておく．またその結果を人間に知らせる．数をどのように覚えるかというと，この仮想計算機には数を入れる26個の箱があるからである．1つの箱には1つの数を入れることができる．この26個の箱に $a, b, c, \cdots, z$ という名前をつけよう．a と名づけられた箱に58を入れておく．b と名づけられた箱に35という数を入れておく．計算機は a と b の箱の中をのぞき，その中に入っている数を演算装置を使い加える(図1.1参照)．

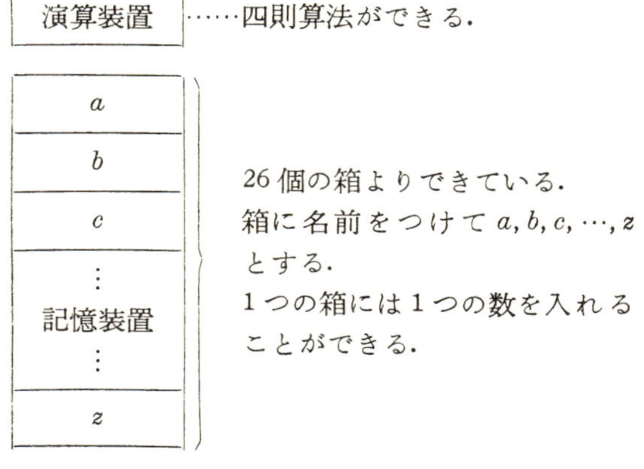

図1.1　仮想計算機

加えた結果はどこかに覚えておく必要があるので，c と名づけた箱に入れることにしよう．以上の動作を記号で書くと

$$c \longleftarrow a+b$$

となる．矢印は右辺で計算された値を左辺の箱にしまうことを意味

する．このようにすると今の場合，c には 93 という数が入る．a と名づけられた箱に入っている数を a の**内容**または a の**値**と呼ぶことにしよう．b の内容，b の値等も同様である．a の内容が 58，b の内容が 35 のとき $c \leftarrow a+b$ を実行すると，c の内容は 93 となるわけである．

どのように数を計算機に教えるか，どのように数を箱の中に記憶させるか，どのように演算装置はできているか，どのように結果を人間に知らせるか，などいろいろ疑問があるだろうけれど，これらのことは少しずつあとで説明することにしよう．テレビの中がどのようになっているかわからなくともテレビを見ることはできる．それと同じように計算機の中がどのようになっているかわからなくとも，計算機を使うことができる．ただ計算機はどのようなことを行なうことができるか，はっきり知っておくことは大切である．計算機というと，とてつもない知能を持ち，どのような複雑な問題もあっという間に解くことができる，と思っている人も多いだろうが，計算機にできることは本質的には四則算法と，2 つの数を比べて大きいか，等しいか，小さいか，という判断だけである．ただ非常に速く計算するだけのことである．このことを本章で説明しよう．

まとめると，仮想計算機は $a, b, c, \cdots, z$ と名づけられた 26 個の箱を持っている．1 つの箱には 1 つの数を入れることができる．よって全部で 26 個の数を記憶することができる．これら 26 個の箱を**記憶装置**という．記憶装置だけでは何もできない．記憶された数をもとにして計算する装置が必要である．計算する装置を**演算装置**という．他にもいろいろ説明しなければならない装置があるが，とりあえずこの 2 つの装置だけを頭の中に想像してほしい．本章ではこの 2 つの装置だけを使って計算機の動作を説明しようと思う．

§2　有効桁数

仮想計算機は頭の中に想像する計算機であるから，どのように大きくてもかまわない．しかし無限に大きいわけではない．記憶装置は26個の箱よりできているが，1つ1つの箱は大きさに限度がある．ここでは10桁以上大きな数は入らないとしよう．もし10桁以上大きな数を入れようとしても有効桁数が9桁の近似値としてしか入らない．また小数も有効桁数が9桁の近似値としてしか入らない．たとえば123456789＝1億2345万6789は正確に覚えることができるが，123456789123は$123456789000=1.23456789\times10^{11}$として記憶される．また1を3で割ると0.333… と無限小数になるが，計算機の中では$0.333333333=3.33333333\times10^{-1}$（$10^{-1}$は1/10を意味する．一般に$10^{-n}$は$1/10^n$を意味する）と有効桁数9桁の近似値としてしか覚えることができない．10桁目以下は切り捨てになるわけである．つまり上より9桁と，小数点をどのぐらい右や左にずらすかという値を組にして，計算機は数を覚えるわけである．

例　次の数はどのように記憶されるか．

（イ）　円周率　　答　3.14159265

（ロ）　1/7　　答　1.42857142×10^{-1}

（ハ）　2/300　　答　6.66666666×10^{-3}　　——

§3　四則算法

仮想計算機は有効桁数9桁の値をもとにして四則算法を行ない，10桁目を切り捨てにする．つまり有効桁数9桁の近似計算を行なうことができる．近似計算の復習をしよう．

例

（イ）　$1.23\times10^{8}+3.21\times10^{10}=0.0123\times10^{10}+3.21\times10^{10}$

$$=(0.0123+3.21)\times10^{10}$$

$$= 3.2223\times10^{10}$$

つまり小数点の位置をそろえてから加えるわけである．

（ロ）　$1.23+3.21\times10^{9} = (0.00000000123+3.21)\times10^{9}$

$$= 3.21000000123\times10^{9}$$

10 桁目以下は切り捨てにするので

$$= 3.21\times10^{9}$$

この例の場合，非常に大きな数に小さな数を加えても答は変わらない．上の桁より 10 桁目以下が切り捨てになるからである．

（ハ）　$1.23\times10^{8}-3.21\times10^{10} = 0.0123\times10^{10}-3.21\times10^{10}$

$$= (0.0123-3.21)\times10^{10}$$

$$= -3.1977\times10^{10}$$

（ニ）　$(5\times10^{4}+2\times10^{13})-2\times10^{13}$

$$= (0.000000005\times10^{13}+2\times10^{13})-2\times10^{13}$$

$$= 2.000000005\times10^{13}-2\times10^{13}$$

10 桁目は切り捨てになるから

$$= 2\times10^{13}-2\times10^{13} = 0$$

初めの 2 つの値を加えても有効桁数が 9 桁だから，答は 2×10^{13} となる．この値より 2×10^{13} を引けば，答はもちろん 0 となる．私が銀行に 50000 円預金していたとしよう．銀行の方でうっかりして 2×10^{13} 円(20 兆円)を私の口座に加えたとしよう．あとで間違いがわかり，私の口座より 2×10^{13} 円を引いた．すると私の預金高は 0 円になってしまう．恐ろしいことだ．

（ホ）　$(2\times10^{10})\times(3\times10^{2}) = 6\times10^{12}$

（ヘ）　$(2\times10^{10})\div(3\times10^{2}) = 6.66666666\times10^{7}$ ——

このように有効桁数 9 桁の範囲内で計算機は四則算法を行なっている．a の内容と b の内容を加えたものを c へ，引いたものを d へ，掛けたものを e へ，割ったものを f へ入れることを記号で

$$c \longleftarrow a+b$$

$$d \longleftarrow a-b$$

$$e \longleftarrow a\times b \qquad (\text{または略して } ab)$$

$$f \longleftarrow a\div b \qquad (\text{または略して } a/b)$$

と書く．矢印だけが注意しなければいけない記号である．$c \leftarrow a+b$ は a と名づけられた箱に入っている数と b と名づけられた箱に入っている数を加え，c と名づけられた箱に結果をしまうことを意味する．つまり a の内容と b の内容を演算装置でまず加える．次に加えた結果を c に入れるわけである．この場合，a の内容も b の内容も変わらない．c にはそのとき何か数が入っていたであろうけれど，それまでの値は消されて新しく　a の内容$+b$ の内容　という値が入るわけである．a の内容$+b$ の内容　と書くのはめんどうだから $a+b$ と略して書くことにしよう．また a の内容$=5$ と書く代りに $a=5$ と書くことにしよう．

例　$a=4$，$b=3$ のとき，次の計算結果はどうなるか．

（イ）　$c \longleftarrow b-a$　　答　$c=-1$ となる．

（ロ）　$c \longleftarrow a\times b$　　答　$c=12$　となる．

（ハ）　$c \longleftarrow a\div b$　　答　$c=1.33333333$ となる．

理論的に正しい答は 1.33… と無限に 3 が続くわけだが，この仮想計算機では 9 桁の精度で近似計算を行ない，10 桁目以下を切り捨てにする．

（ニ）　$a \longleftarrow b$　　答　$a=3$ となる．

今までにあった $a=4$ という値は消され，b の値が入ってくるわけである．

（ホ）　$a \longleftarrow a+1$　　答　$a=5$ となる．

この例がわからないと以下の説明がすべてわからなくなる．$a \neq a+1$ であるから $a \leftarrow a+1$ はおかしい，と思ってはいけない．$a+1$ をまず演算装置の中で計算し，答 5 を一時的に演算装置の中に記憶する．次にこの答を a に入れるわけである．

（へ） $a \longleftarrow a+a$ 　答 $a=8$ となる．

右辺を計算し，答 8 が得られる．この答を左辺の箱の中に入れるわけである．

（ト） $a \longleftarrow a+b$ 　答 $a=7$ となる．

始めは $a=4$, $b=3$ であったので，演算装置の中で $a+b=7$ という値が得られる．この値を a に入れるとき，今までにあった 4 という値は消され，7 という新しい値となるわけである． ——

計算機は何回も四則算法を行なう．たとえば

$$d \longleftarrow a+b$$
$$d \longleftarrow d+c$$

と 2 回行なえば，つまり上の行を最初に実行し，その後下の行を実行すれば $d \leftarrow a+b+c$ となる．

$d \leftarrow ab+c$ は次のようにすればよい．

$$d \longleftarrow ab$$
$$d \longleftarrow d+c$$

ともかく有限回の四則算法でいろいろな計算ができる．しかし能率良く計算するには工夫が必要である．

例 $e \longleftarrow ax^3+bx^2+cx+d$ を計算するにはどうすればよいか．

解 1 $f \longleftarrow x \times x \cdots\cdots x^2$ を計算

$g \longleftarrow f \times x \cdots\cdots x^3$ を計算

$e \longleftarrow a \times g \cdots\cdots ax^3$ を計算

$g \longleftarrow b \times f \cdots\cdots bx^2$ を計算

$e \longleftarrow e+g \cdots\cdots ax^3+bx^2$ を計算

$g \longleftarrow c \times x \cdots\cdots cx$ を計算

$e \longleftarrow e+g \cdots\cdots ax^3+bx^2+cx$ を計算

$e \longleftarrow e+d \cdots\cdots ax^3+bx^2+cx+d$ を計算

この解は自然な計算順序だけれど，多項式の計算の場合は次のような方法がある．

解 2 $ax^3+bx^2+cx+d=\{(ax+b)x+c\}x+d$ を利用すると

$e \longleftarrow a\times x \cdots\cdots ax$

$e \longleftarrow e+b \cdots\cdots ax+b$

$e \longleftarrow e\times x \cdots\cdots ax^2+bx$

$e \longleftarrow e+c \cdots\cdots ax^2+bx+c$

$e \longleftarrow e\times x \cdots\cdots ax^3+bx^2+cx$

$e \longleftarrow e+d \cdots\cdots ax^3+bx^2+cx+d$ ——

例 $a \longleftarrow x^{20}$ を計算するにはどうしたらよいか．

解 1 $a \longleftarrow xx \cdots\cdots x^2$ を計算

$a \longleftarrow aa \cdots\cdots x^4$ を計算

$b \longleftarrow aa \cdots\cdots x^8$ を計算

$b \longleftarrow bb \cdots\cdots x^{16}$ を計算

$a \longleftarrow ab \cdots\cdots x^{20}$ を計算 ——

このように2乗，4乗，8乗，16乗と作ってゆけば能率よく高い巾(べき)が計算できる．

以上のように工夫すると早く計算できることもあるが，通常は四則算法は書いてある式より機械的に行なう．機械的にできることは計算機が自動的に行なってくれる．よって $a\leftarrow 5b+3cd$ などという書き方もこれから使うことが多い．

a の値も b の値も自然数のとき，a を b で割った商(整商)および余りを計算することはもちろんできる．たとえば $a=7$，$b=3$ のとき $7\div 3=2$ 余り 1 となるが，このときの商 2 は $7\div 3=2.3333\cdots$ の整数部分である．一般に実数 x に対して x を越えない最大の整数を $[x]$ と表わす．

例 (イ) $[2.3333\cdots]=2$

(ロ) $[5.0]=5$

(ハ) $[-4.0]=-4$

(ニ) $[-4.32]=-5$

なぜならば $-5<-4.32<-4$ であるから -4.32 を越えない最大な整数は -5 になるわけである. ——

$x \geqq 0$ の場合, $[x]$ は x の整数部分である. つまり小数部分を切り捨てた値である. この記号 $[x]$ を**ガウス記号**という. ガウス記号をはっきりさせるために $y=[x]$ のグラフを描くと図1.2のようになる.

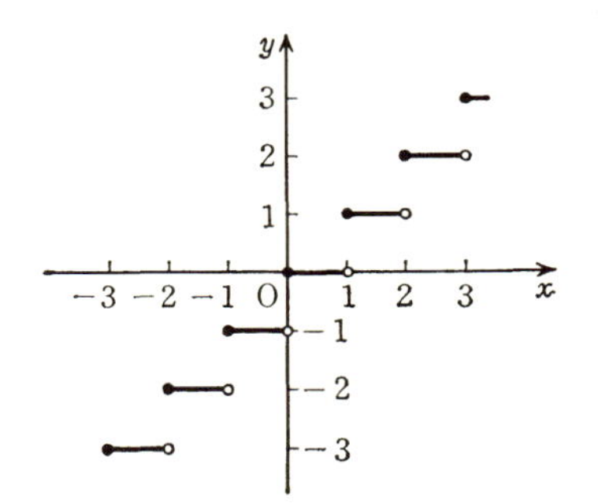

図1.2 $y=[x]$ のグラフ

仮想計算機では実数 x に対して $[x]$ を求めることができる. この記号を使うと, 7を3で割った商(整商)は $[7\div3]$ となる. 一般に自然数 a, b に対して, a を b で割った商(整商)を q, 余りを r とすると

$$a=bq+r, \qquad 0 \leqq r < b$$

となる. q および r がただ一通りに定まるということは, 数の基本的な性質である. よって両辺を b で割り

$$\frac{a}{b}=q+\frac{r}{b}, \qquad 0 \leqq \frac{r}{b} < 1$$

となり a/b の整数部分が q となる．よって

$$q = [a \div b]$$
$$r = a - bq = a - b[a \div b]$$

となり，商と余りを求めることができる．

まとめると，仮想計算機では有効桁数が9桁の範囲で四則算法ができ，また自然数に対しては，たとえば a を b で割るとき，整商 q と余り r は

$$q \longleftarrow [a \div b]$$
$$r \longleftarrow a - b[a \div b]$$

と計算できるわけである．

§4 流れ図とプログラム

仮想計算機は $a, b, c, \cdots, z$ の値をもとにして四則算法を行ない，その結果を $a, b, c, \cdots, z$ のどこかにしまうことができる．この動作を何回もつづけて行なうことができる．もちろん人間が計算機にどのような順にどのような計算をするか，初めに教えるわけである．計算機は指示された通りに動く．どのような順に行なうかをはっきり表わしたものを**プログラム**といい，プログラムを人間が見やすいように直したものを**流れ図**という．どのように計算機にプログラムを教えるか，という疑問があるだろうけれど，このことはあとの章で説明することにして，ともかく計算機は人間が与えたプログラム通りに動く，と考えてほしい．

例 $a+b$ を b に入れよ．次に $b \times b$ を c に入れよ（流れ図 1.1）．

流れ図 1.1 の説明をしよう．まず (Start) より出発し，矢印の方向へ進む．すると次の動作が長方形の中に書いてある．長方形の中に $b \leftarrow a+b$ と矢印があるけれど，これは $a+b$ という値を b の中に入れよ，という指示である．この動作が終ってから次の長方形の

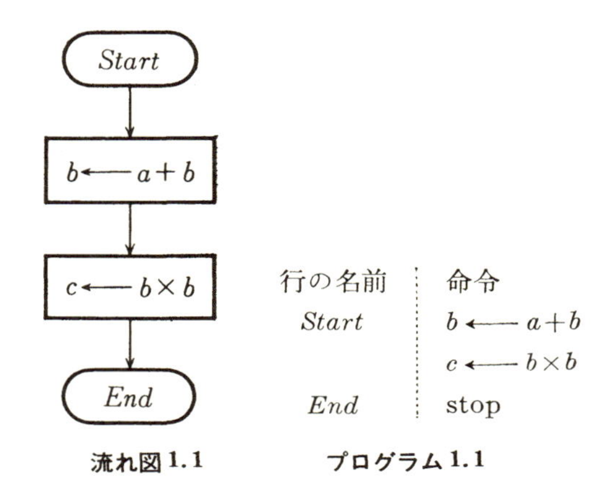

流れ図 1.1　**プログラム 1.1**

中の指示 $c \leftarrow b \times b$ へ進む．この動作が終ったら (*End*) に進む．つまり終ったことを意味する．このように長方形の中を1つずつ処理してゆくわけだから，長方形を**処理ボックス**と呼ぶ．

プログラムについてはまず *Start* と名づけられた行より1行ずつ実行し，次の行へ進んでゆく．やがて **stop** で計算機が止まり，すべてが終る．*Start* および *End* は行につけられた単なる名前である．

たとえば $a=3$，$b=6$ としよう．$b \leftarrow a+b$ を実行すると今までの $b=6$ という値は消され，$b=9$ となる．次に $c \leftarrow b \times b$ を実行すると $c=81$ となる．

――

例　半径 r の円の面積 s および球の体積 v を求めよ．

答　$s=\pi r^2$，$v=(4/3)\pi r^3$ を知っていれば簡単である(流れ図 1.2)．

例　米1粒を日に日に2倍にして，30日には何ほどになるぞ．1升に6万粒入つもりにしてなにほどあるぞ(塵劫記より)．

答　a 粒になるとすれば $a=2^{29}$ である．b 升になるとすれば $b=a/60000$ である(流れ図 1.3)．

結果は $a=536870912$，$b=8947.84853$ となった．

例　からす999わある時，999浦にて，1わのからす999声づつ

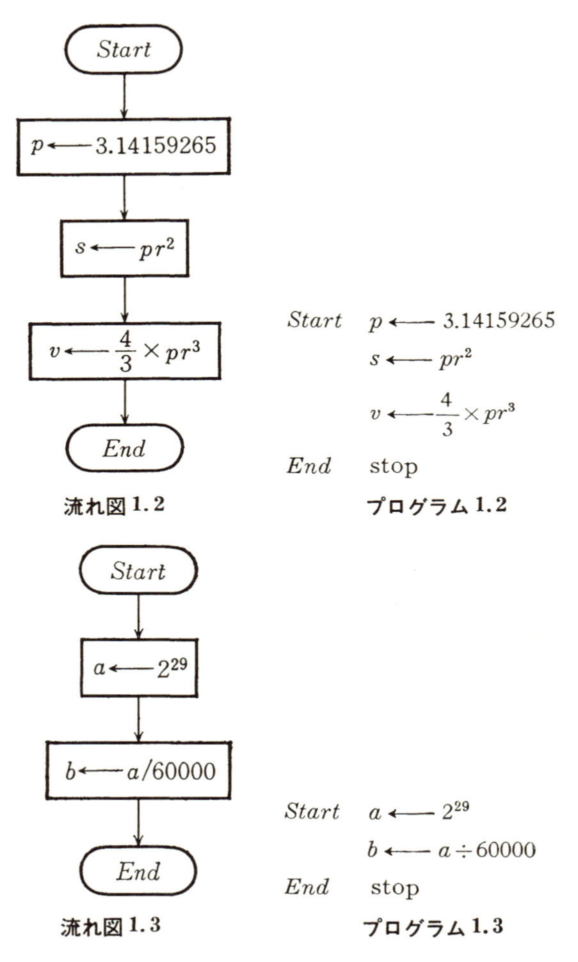

流れ図 1.2　　**プログラム 1.2**

流れ図 1.3　　**プログラム 1.3**

なく時，この声合せて何ほどぞ(塵劫記より).

答　999^3 が答である(流れ図 1.4).

結果は $a=997002999$ となった.　——

例　正月に，ねずみちちははいでて，子を 12 匹生む．おやともに 14 匹になる．此ねずみ 2 月には，子も又子を 12 匹づつ生むゆへ

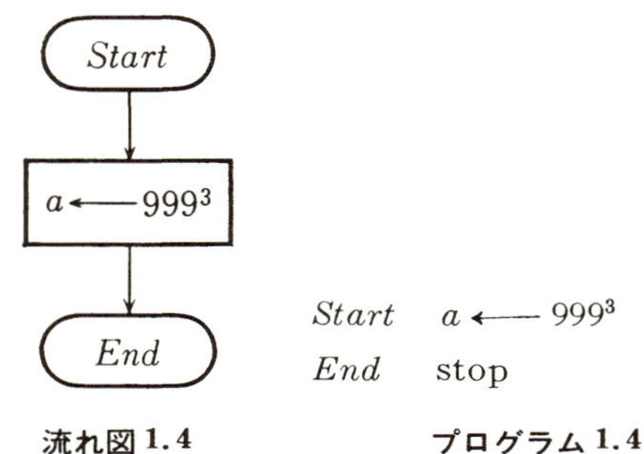

流れ図 1.4　　　　プログラム 1.4

に，おやとも 98 匹になる．かくのごとくに，月に 1 度づつ，おやも子も，又まごもひこも，月々に 12 匹づつ生む時に，12 月にはなにほどになるぞ(塵劫記より)．

答　1 回に 12 匹，すなわち 6 対の子を生むので 1 対より 7 対になる．すなわち全体の数は 7 倍になる．よって $2\times7\times7\times\cdots\times7=2\times7^{12}$ が答である．こうわかればあとは計算をするだけである．

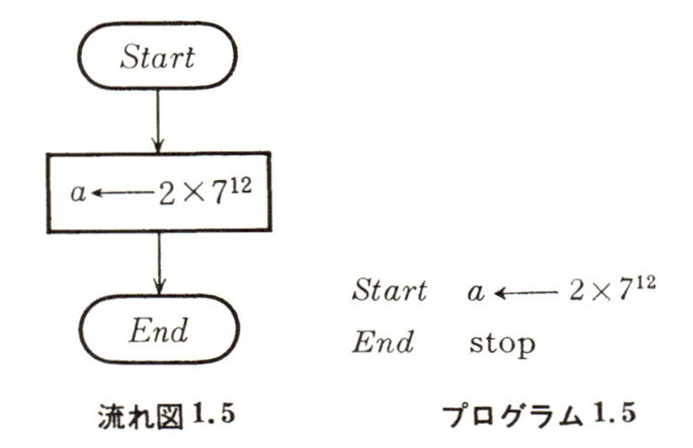

流れ図 1.5　　　　プログラム 1.5

結果は $a=$276 億 8257 万 4402 匹である．流れ図およびプログラムは最も単純なものだけれど，実はこの流れ図通りではうまくゆかない．9 桁以上の数が近似値としてしか扱えないからである．このようなときどうするか，少し工夫しよう．$7^{10}=282475249$ は 9 桁で正確に得られる．この値に $2\times7^2=98$ を掛ければよい．次のように，

$$(28247\times10^4+5249)\times98=(28247\times98)\times10^4+5249\times98$$

$$= 2768206 \times 10^4 + 514402$$
$$= (2768206 + 51) \times 10^4 + 4402$$
$$= 2768257 \times 10^4 + 4402$$

下4桁と上7桁を別々に計算すれば，答 27682574402 が得られる．計算機の性能を知り性能を生かすように利用することが大切である．

§5　内容の交換

次によくまちがえる問題を考えよう．

“a の値と b の値を交換せよ．つまり a と名づけられた箱に入っている数を b と名づけられた箱に入れ，b と名づけられた箱に入っている数を a と名づけられた箱に入れよ．”

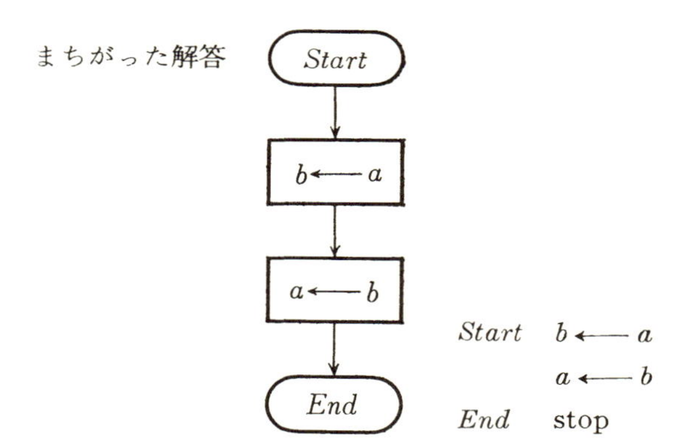

上記の解答がなぜ正しくないか考えてみよう．$a=3$, $b=6$ のとき $b \leftarrow a$ を実行すると $b=3$ となってしまう．今までの値は消されてしまうわけである．次に $a \leftarrow b$ としても $b=3$ であるから $a=3$ となる．つまり $a=3$, $b=3$ となり $a=6$, $b=3$ となってくれない．ではどうしたら交換できるだろうか．$b \leftarrow a$ のとき，今までの b の値は消されてしまうのだから $b \leftarrow a$ を実行する前に b の値を他の場所に保管しておけばよい．すなわち正解は流れ図 1.6 のようになる．

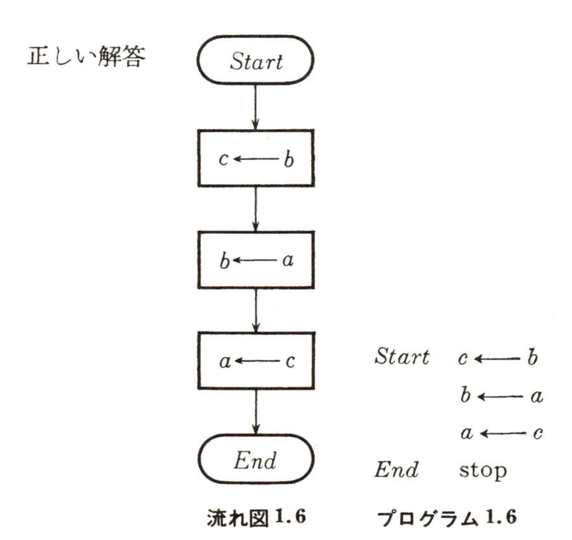

流れ図 1.6　　**プログラム 1.6**

この解答で a と b の値を交換するのに，c という箱を使っている．a と b の箱だけを使って交換できないだろうか．こうなるとパズルのような問題となる．少し考えると次のような解答が見つかった．

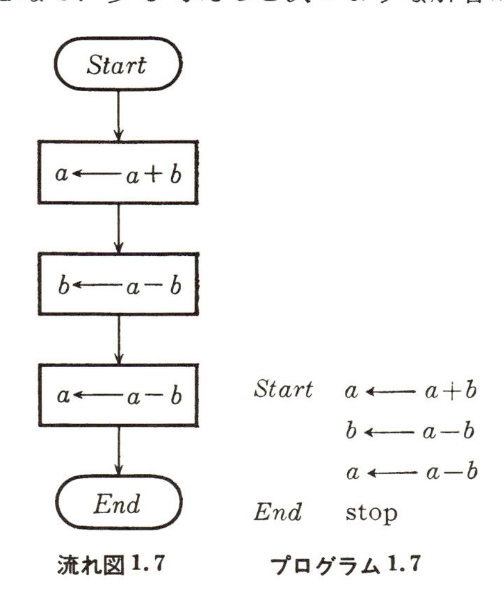

流れ図 1.7　　**プログラム 1.7**

なぜこれでよいのだろうか．a の値$=\alpha$，b の値$=\beta$ としよう．$a \leftarrow a+b$ とすると $a=\alpha+\beta$ となる．次に $b\leftarrow a-b$ とすると $b=(\alpha+\beta)-\beta=\alpha$ となる．次に $a\leftarrow a-b$ とすると $a=(\alpha+\beta)-\alpha=\beta$ となる．つまり $a=\beta$，$b=\alpha$ となり見事に交換できた．

§6　判　　断

計算機は判断できるというけれど，実際には判断とは2つの値の大小を比べ，その結果より次の動作が分かれることである．ただそれだけのことである．それ以上のことは計算機は何もしていない．なにかあまりにもあっけないことしか計算機にはできないのでびっくりするかもしれないが，大きいか，等しいか，小さいか，で動作が分かれるならば，だんだんわかるように，ありとあらゆることが可能となる．

例　a の絶対値を b に入れよ．

解

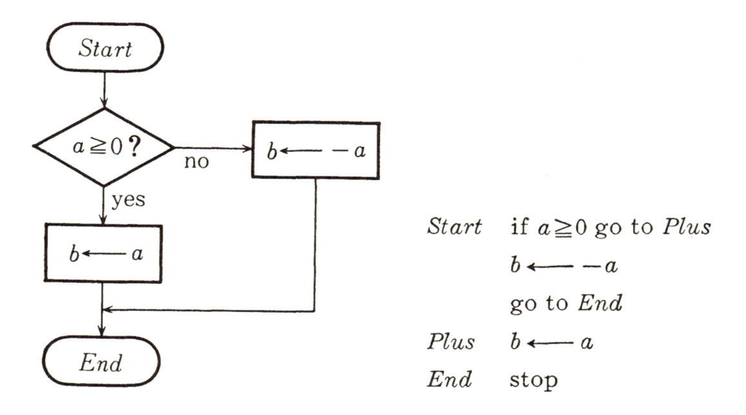

まず流れ図を説明しよう．新しく現われた菱形は，その中に書かれている条件が満足されるか否かにより，次に進むべき方向が分か

れる．$a \geqq 0$ が成り立てば yes の方向へ，成り立たなければ no の方向へ進むわけである．つまり菱形は判断が行なわれる部分である．よって**判断ボックス**と呼ばれている．

次にプログラムの説明だけれど，**if** $a \geqq 0$ と書かれている部分は判断ボックスに対応する部分である．もし条件が成り立てば右へ進む．すると **go to** *Plus* とある．つまり *Plus* と名づけられた行へ進め，という指示である．よって $b \leftarrow a$ を実行し，次に *End* 行，つまり stop 命令により計算機は止まる．もし $a \geqq 0$ という条件が成り立たなければ，何もせず次の行へ進む．つまり $a<0$ ならば $b \leftarrow -a$ を実行し，次に *End* と書かれている行へ飛ぶわけである．このように，b には a の絶対値が入る．通常プログラムは上の行より 1 行ずつ実行されるわけだけれど，go to 命令があるとこの流れは変わる．

計算機は四則算法と，大小関係を判断することだけしかできない．しかし，これらを組み合わせるとさまざまな計算ができることを以下の章で説明しよう．

練習問題

1. 次の数はどのように記憶されるか(§2)．

(イ)　1250000000000

(ロ)　1÷1250000000000

(ハ)　987654321012345

(ニ)　1÷990000000000

2. $a=2\times10^7$，$b=9\times10^{-1}$ のとき，$a+b$，$a-b$，$a\times b$，$a\div b$ の近似値はどうなるか(§3)．

3. 次の計算を四則算法を 1 回ずつ行ない，組み合わせよ(§3)．

(イ)　$d \longleftarrow a+b-c$

(ロ)　$d \longleftarrow a+bc$

(ハ) $e \longleftarrow ab+c\div d$

(ニ) $f \longleftarrow a\div b+c-d^2\times e$

(ホ) $d \longleftarrow ax^2+bx+c$

4. $a\leftarrow x^{100}$ を計算するにはどうすればよいか(§3).

5. 次の値はいくつか(§3).

(イ) [99.99], (ロ) [99], (ハ) [−10.01], (ニ) [−10]

6. 次の流れ図を実行すると, $a=3$, $b=6$ のとき, c はいくつになるか(§4).

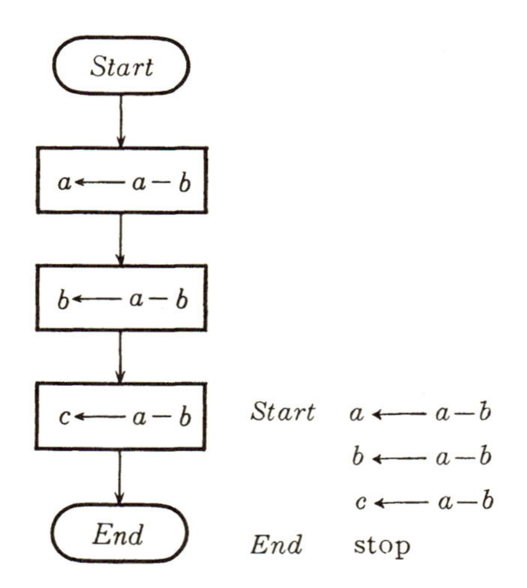

Start $a \longleftarrow a-b$
$b \longleftarrow a-b$
$c \longleftarrow a-b$
End stop

7. a の値を b に, b の値を c に, c の値を a に入れよ(§5). (もう1つの場所 d を使う方法と, a,b,c だけの場所で行なう方法を考えよ).

8. $a>0$ ならば $b=1$, $a=0$ ならば $b=0$, $a<0$ ならば $b=-1$ とする流れ図およびプログラムを作れ(§6).

第2章
やさしい例

§1 順　　序

判断を使って大きさの順に並べる問題を考えよう.

例　a と b の大きい方を c に入れよ.

解

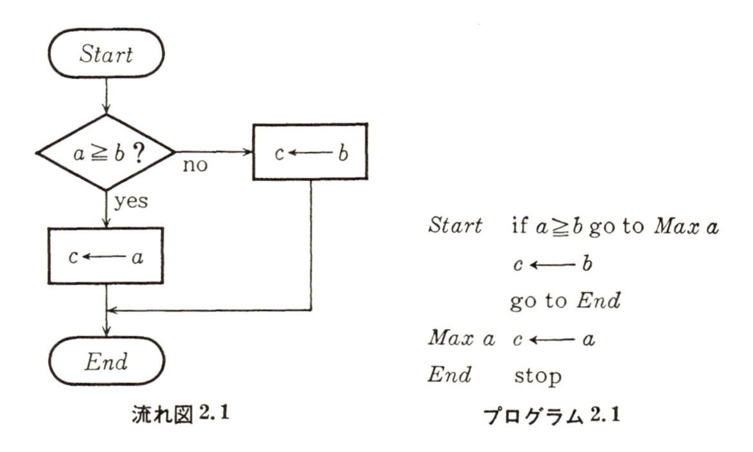

流れ図 2.1　　　プログラム 2.1

プログラムにおいて，飛んでゆく先に名前をつけたいときは大文字で始まるどんな名前を付けてもよい．単なる行を表わす目印なのだから，意味がわかりやすいものがよい．

例　a と b の大きい方を a へ，小さい方を b へ入れよ．

解　(流れ図 2. 2)

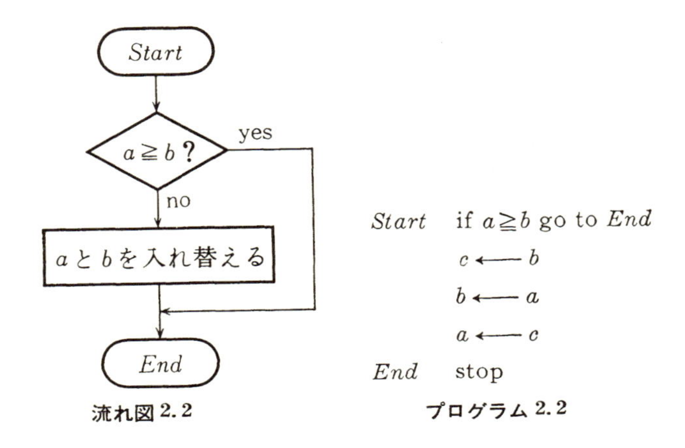

流れ図 2.2　　　**プログラム 2.2**

以上の例をもう少しむずかしくして“a, b, c を大きさの順に並べよ”という問題を考えよう．問題の意味は，a の値と b の値と c の値の3つの値の中で最大な値を a に入れ，2番目の値を b に入れ，最小の値を c に入れよ，ということである．まず一番大きい値を a に入れることを考えると，流れ図2.3となる．

Next 1に来たとき $a \geqq b$ となっている．次に $a \geqq c$ ならばそのまま *Next* 2へ飛ぶが，$a < c$ のときは a と c の内容を交換するので，a の内容は今までより大きくなる．今までに $a \geqq b$ であったから，交換したら $a > b$ となっている．どちらにしても *Next* 2に来たとき，$a \geqq b$，$a \geqq c$ となっている．つまり a には最大の数が入っているわけである．つまりこの流れ図は正しく a, b, c を大きさの順に並べている．たとえば $a=2$，$b=4$，$c=5$ としよう．*Next* 1に来たときは a と b を入れ替えて $a=4$，$b=2$，$c=5$ となっている．*Next* 2に来たときには a と c を入れ替えて $a=5$，$b=2$，$c=4$ となっている．次に b と c を入れ替えて *End* に来たときには $a=5$，$b=4$，$c=2$ となっている．

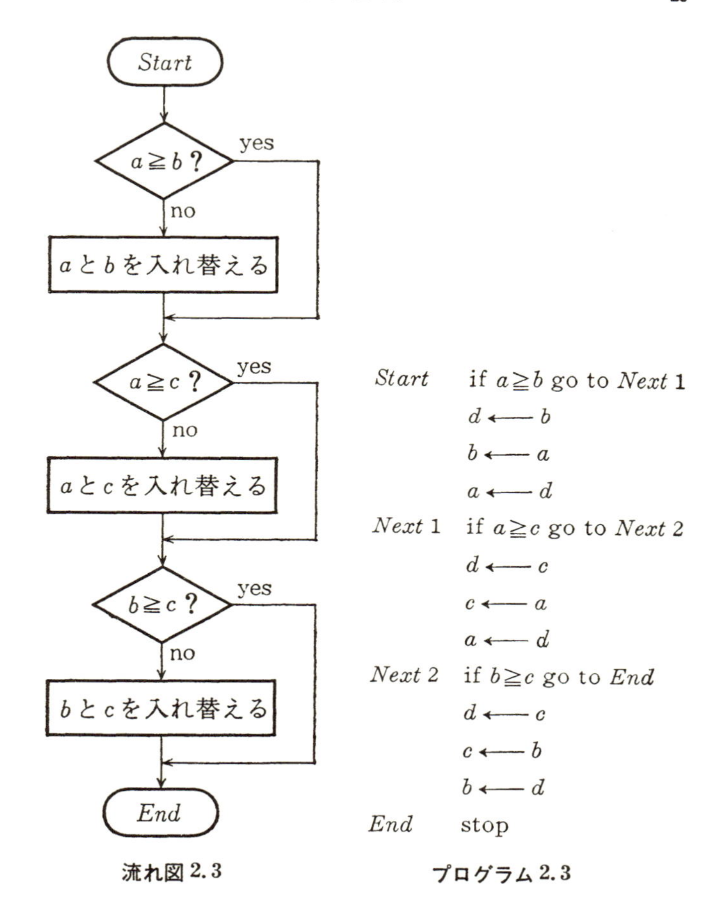

流れ図 2.3　　**プログラム 2.3**

§2 1次方程式

1次方程式とは a と b が与えられた数のとき

(1)　$ax = b$

となる x を求めることである．$a \neq 0$ ならば両辺を a で割り $x = b/a$ となる．$a = 0$ のときは x がどのような数であっても(1)の左辺は0となる．よって $a = 0$, $b \neq 0$ ならば(1)を満足する x はない．よって解くことが不可能だから**不能**という．$a=0$，$b=0$ のときは x は何であっても(1)が成り立つ．よって x の値が定まらないので**不定**という．以上をまとめて解が1つのときは $s=1$，不能のときは $s=0$，不定のときは $s=2$ となる流れ図およびプログラムを作ろう．

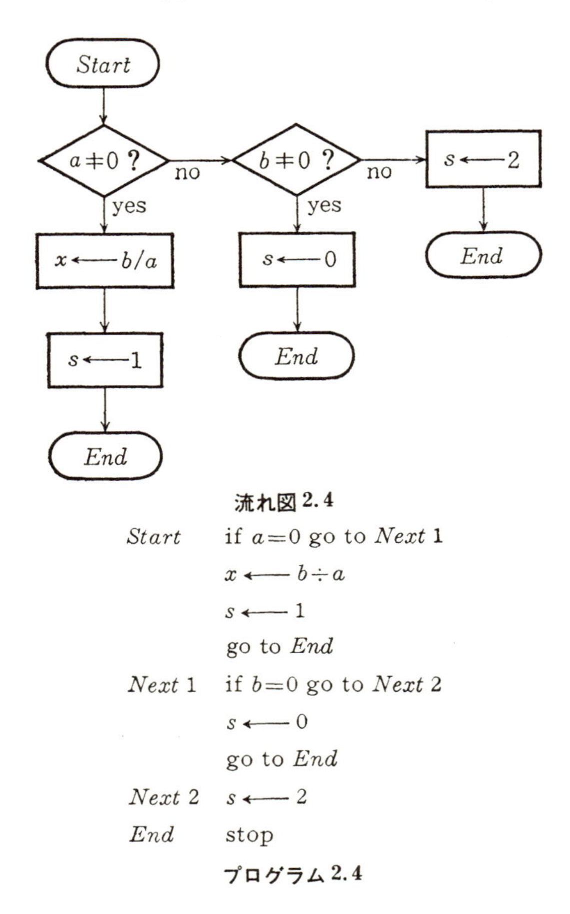

流れ図 2.4

```
Start     if a=0 go to Next 1
          x ←— b÷a
          s ←— 1
          go to End
Next 1    if b=0 go to Next 2
          s ←— 0
          go to End
Next 2    s ←— 2
End       stop
```

プログラム 2.4

このように等しいか否かを判断してゆくと，いろいろな場合分けが可能となる．

§3 繰り返し

計算機は“1＋2＋…＋100 を a に入れよ”という問題を得意とする．等差数列の公式を使わずに強引に計算してみよう．まず a に 0 を入れておき，次に順に 1, 2, 3, … を加えてゆけばよい．

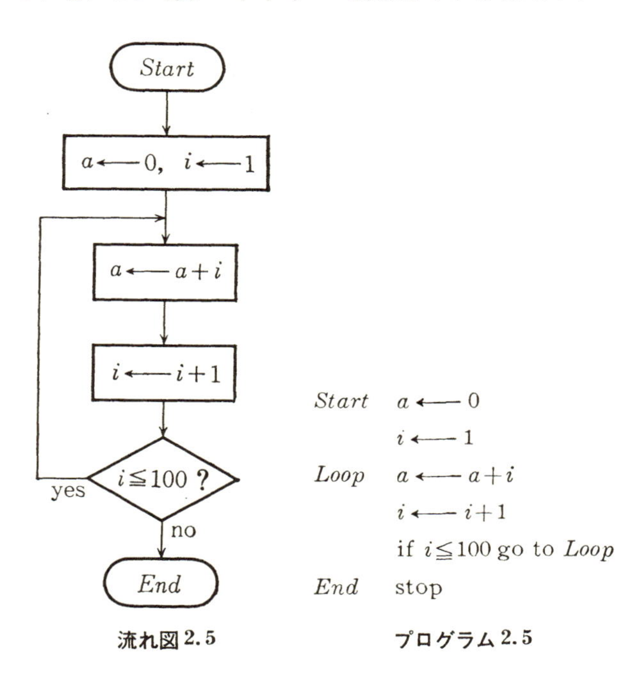

流れ図 2.5　　**プログラム 2.5**

この流れ図の場合，判断ボックス内の条件が成り立つと，前にもどって同じ動作を繰り返す．同じ動作といっても i の値は 1 回行なうごとに 1 つずつ大きくなるので，順に 1, 2, 3, …, 100 を加えてゆくことになる．計算機はこのような単純な作業を何回も繰り返すことが得意である．決して飽きたり，疲れたりしない．

§4 つるかめ算

小学校のとき，算数の問題によく次のような問題を出された．

“鶴と亀がいた．合せて 56 匹だが，足の数は合せて 150 本だった．鶴は何匹，亀は何匹？”

鶴は 2 本足だが亀は 4 本足であることを使って解くわけだけれど，計算機だとあらゆる場合を考えて解を見つけることもできる．つまり鶴が 0 匹の場合，1 匹の場合，2 匹の場合，…, 56 匹の場合と順に調べるわけである．鶴が x 匹，亀が y 匹のとき，x は 0, 1, 2, … と増えてゆき，y は 56, 55, 54, … と減ってゆく．足の数は $2x+4y$ であるから，次の流れ図が考えられる．

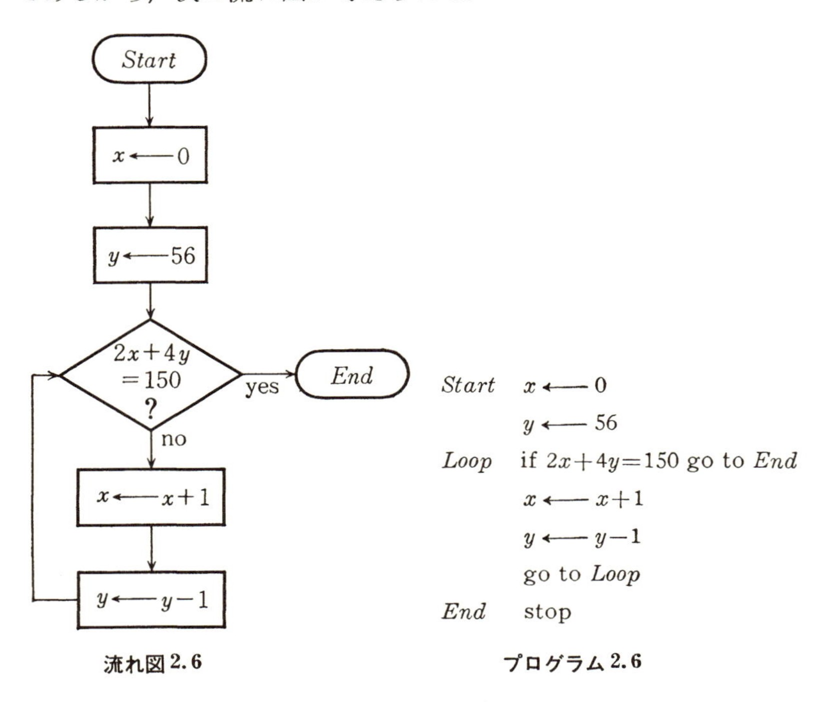

流れ図 2.6

```
Start   x ← 0
        y ← 56
Loop    if 2x+4y=150 go to End
        x ← x+1
        y ← y−1
        go to Loop
End     stop
```

プログラム 2.6

if $2x+4y=150\cdots$ の部分は

$$a \longleftarrow 2x$$
$$b \longleftarrow 4y$$
$$c \longleftarrow a+b$$
$$\text{if } c = 150 \cdots$$

と書くべきだろうが，四則算法をどのように用いたらよいかがはっきりしているときは，自動的に計算することができる．このようなときはまとめて書いてよい．

このようにあらゆる可能性を調べてゆく方法を**しらみつぶし**という．適当な解法が見つからないときは確実な方法となる．

§5 百五減算

"私の年齢は 3 で割ると 2 余り，5 で割ると 1 余り，7 で割ると 6 余ります．私の年齢をあてて下さい."

このような問題は計算機にとってやさしい．しらみつぶしに調べればよいからである．つまり a を 0 より 1 つずつ大きくし，条件に合う数を見つければよい．a を b で割ったときの整商は $[a\div b]$，余りは $a-b[a\div b]$ であることを使うと，プログラムは 2.7 のようになる．*End* になったときの a の値が答である．

このようにしらみつぶしに調べてゆく方法は確実ではあるが，多くの場合時間がかかる．もう少し工夫しよう．3 で割ったとき x 余り，5 で割ったとき y 余り，7 で割ったとき z 余る数は $70x+21y+15z$ を 105 で割った余りである．何故ならば

$$\begin{aligned} 70x+21y+15z &= 3(23x+7y+5z)+x \\ &= 5(14x+4y+3z)+y \\ &= 7(10x+3y+2z)+z \end{aligned}$$

となるし，$105=3\times5\times7$ であるから，105 の倍数を引いても余りに

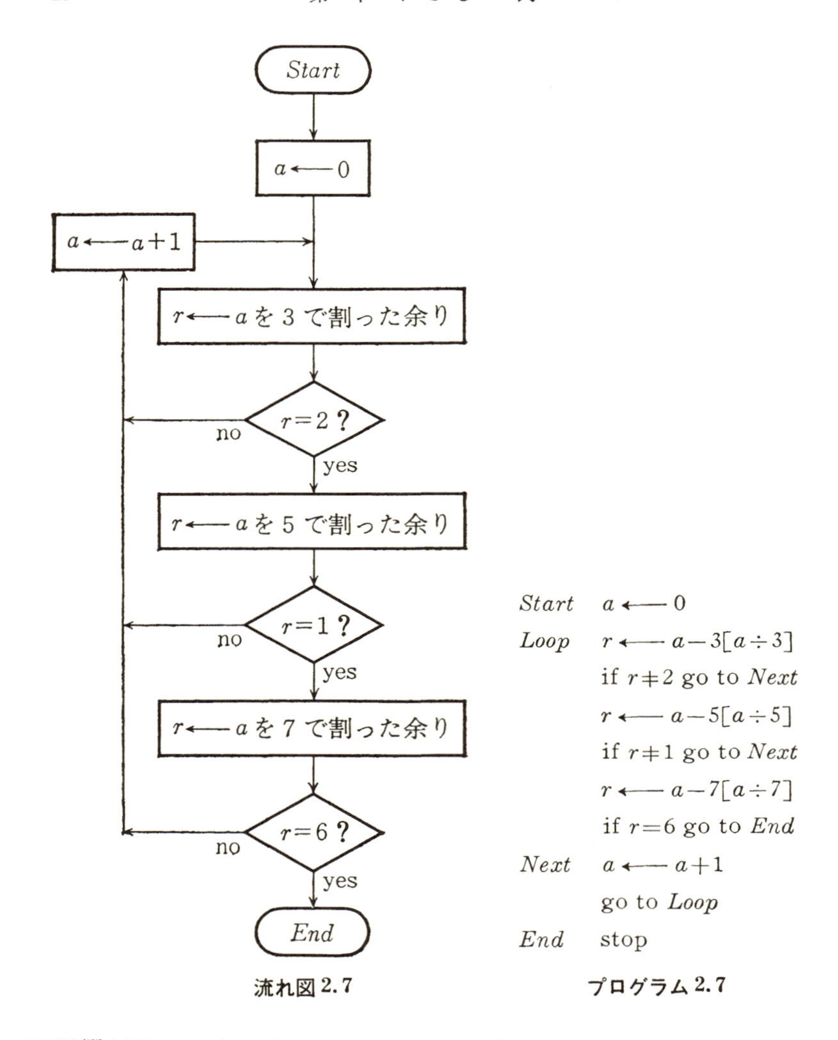

流れ図 2.7 **プログラム 2.7**

は影響がないからである．よってプログラムは

Start	$b \longleftarrow 70x+21y+15z$
	$a \longleftarrow b-105\times[b\div 105]$
End	stop

となり，前の方法よりずっと優れている．やはり工夫は大切である．ただよい方法が見つからないとき，あらゆる可能性をすべて1つ1つ調べてゆき，解を見つけるというしらみつぶしの方法は，人間には時間的に不可能だが計算機にとっては容易なことが多い．

§6 何曜日か

西暦 y 年 m 月 d 日は何曜日であろうか．これを計算機で計算するために，曜日に0から6までの数を対応させる．つまり

日 ＝ 0,　月 ＝ 1,　火 ＝ 2,　水 ＝ 3,　木 ＝ 4,
金 ＝ 5,　土 ＝ 6

と数を対応させる．

まず，うるう年は2月が1日多いので，3月より新しい年になると考えた方が公式を作りやすい．よって

$$y' = \begin{cases} y & m \geqq 3 \quad \text{のとき} \\ y-1 & m=1,2 \quad \text{のとき} \end{cases}$$

と修正する．また3月を第1番目の月と考え，4月，5月，…，12月，1月，2月を2番目，3番目，…，10番目，11番目，12番目の月と考えるわけである．よって

$$m' = \begin{cases} m-2 & 3 \leqq m \quad \text{のとき} \\ m+10 & m=1,2 \quad \text{のとき} \end{cases}$$

と修正する．このとき

$$x = y' + [y' \div 4] - [y' \div 100] + [y' \div 400] + [(13m'-1) \div 5] + d$$

とおくと曜日に対応する数 w は

$$w = x \text{ を 7 で割った余り}$$

となる．普通の年は52週間と1日だけあり，うるう年は4年に1回あり，1カ月は30日のときと31日のときがあることなどを考えると，この式を証明することができる．

例　広島に原子爆弾が投下された1945年8月6日は何曜日か．

この場合 $y'=1945$，$m'=6$，$d=6$ であるから

$$w = 1945+486-19+4+15+6$$
$$= 7\times 348+1$$

よって月曜日であった．

例　21世紀の最初の日，2001年1月1日は何曜日か．

この場合 $y'=2000$，$m'=11$，$d=1$ となる．よって

$$w = 2000+500-20+5+28+1$$
$$= 7\times 359+1$$

つまり21世紀の最初の日は月曜日である．

w を計算する流れ図を書くと次のようになる(流れ図2.8)．

曜日に数を対応させればあとは数の計算ですべてが進む．この考

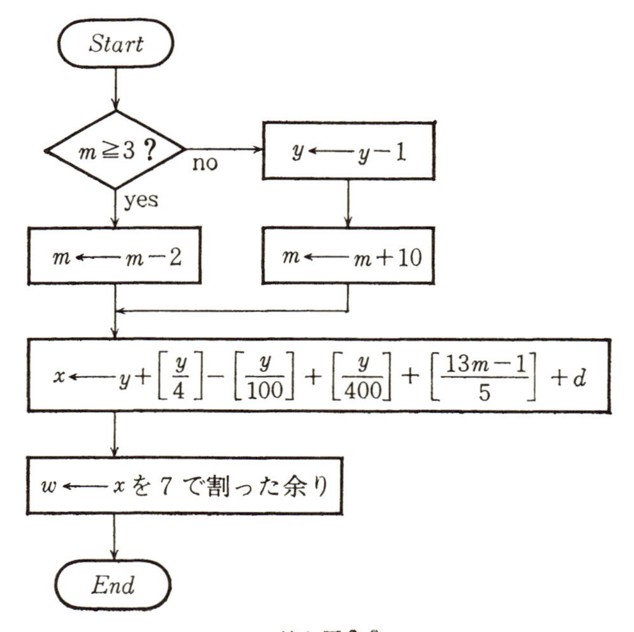

流れ図 2.8

え方が大切である．どのような問題にしても，計算機を使うからには最終的には数の問題に直さなければならない．有限個の物に対する問題は有限個の物に対して数を対応させ，数の問題に直すわけである．数を対応させることを**コード化(符号化)**するという．曜日の問題は日，月，…，土を 0, 1, …, 6 という数にコード化したわけである．

§7　掛け算，割り算，ガウス記号の計算

a と b が自然数のとき $a\times b$ を足し算と引き算だけで計算してみよう．答を c に入れるようにする．$c=a+a+a+\cdots+a$(b 回)であるから，次の流れ図で計算できる．

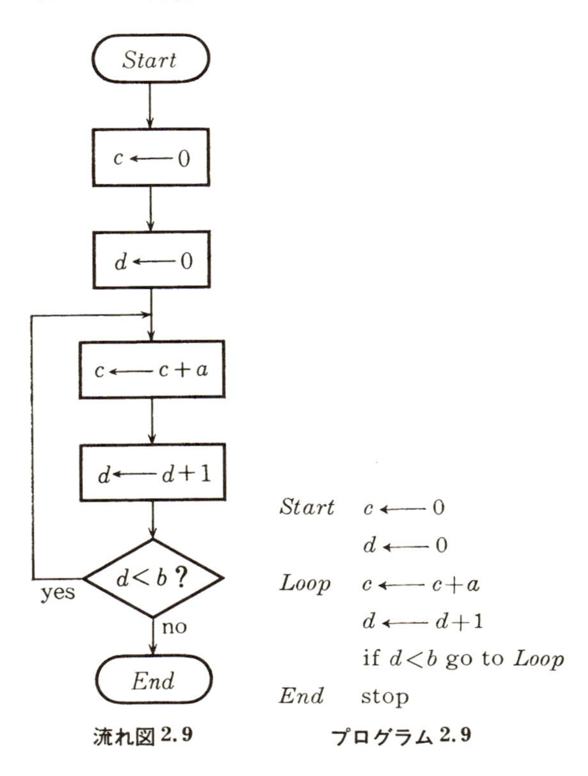

流れ図 2.9　　プログラム 2.9

また，a を b で割った整商を q，余りを r とすると，やはり足し算と引き算だけで計算できる．a より b を引けるだけ引けばよいからである．

$$a-b-b-\cdots-b=r, \quad 0\leqq r<b \quad (q\text{回引く})$$

となるので，次の流れ図で計算できる．

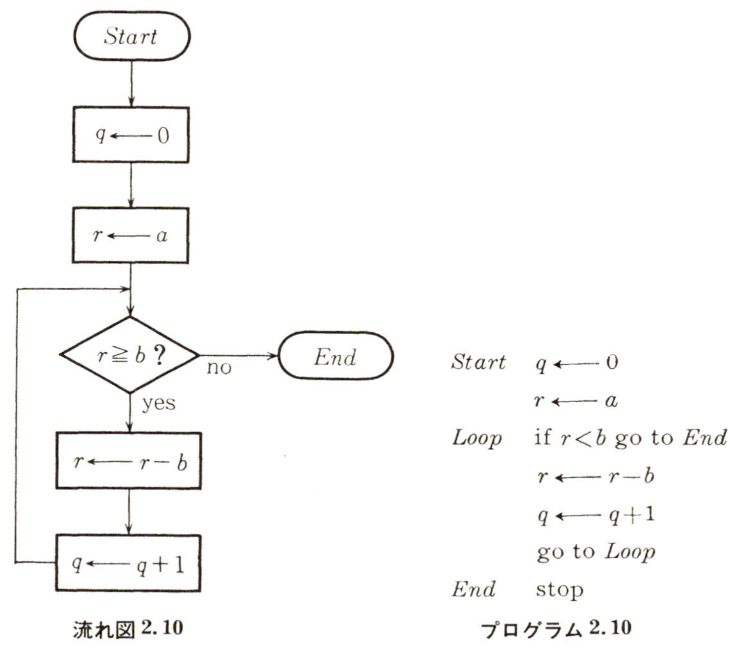

流れ図 2.10

```
Start   q ←— 0
        r ←— a
Loop    if r<b go to End
        r ←— r−b
        q ←— q+1
        go to Loop
End     stop
```

プログラム 2.10

さて実数 x に対して，ガウス記号 $[x]$ はどうしたらよいだろうか．$[x]=n$ とすれば $n\leqq x<n+1$，よって $0\leqq x-n<1$ となる．よって x が正のときは，1 より小さくなるまで x より 1 を何回も引けばよい．x が負のときは，0 以上になるまで 1 を何回も加えればよい．流れ図は次のようになる．

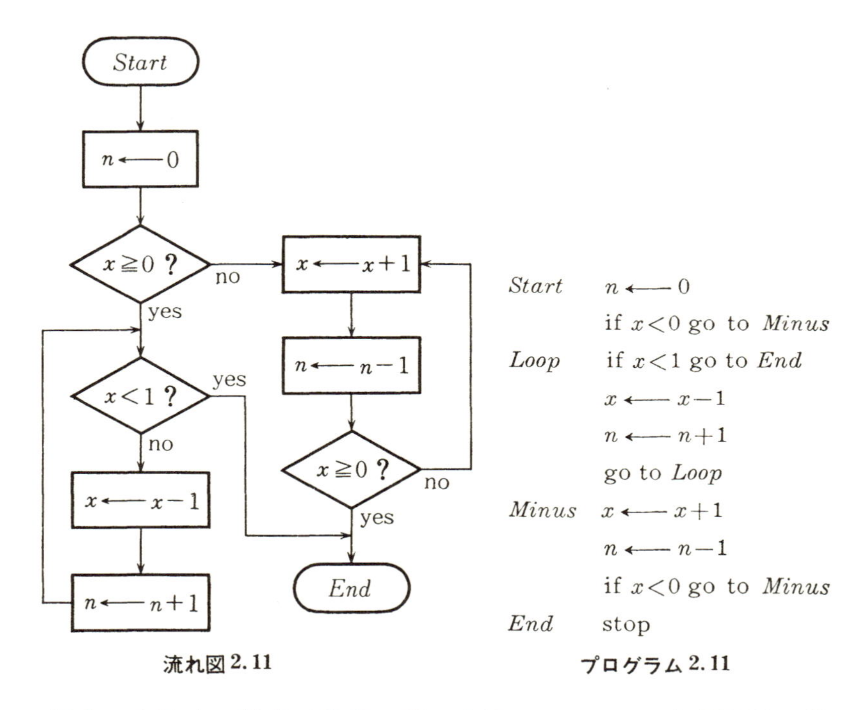

流れ図 2.11　　**プログラム 2.11**

以上の方法は，能率が非常に悪い方法である．しかし原理的に足し算と引き算で多くのことができることを認識するのは大切である．事実演算装置の中では上記の方法より上手な方法であるが，足し算と引き算を繰り返して掛け算と割り算を実行している．

例　$c \leftarrow 10a$ を足し算だけでなるべく能率的に計算せよ．

解　$10=2+8=2+2^3$ であることを使うと次のようにできる．

$b \longleftarrow a+a$　……$2a$ を計算

$c \longleftarrow b+b$　……$4a$ を計算

$c \longleftarrow c+c$　……$8a$ を計算

$c \longleftarrow c+b$　……$10a$ を計算　――

練習問題

1. a, b, c を小さい順に並べよ (§1).

2. a, b, c, d を大きさの順に並べよ (§1).

3. $1^2+2^2+\cdots+100^2$ を a に入れよ (§3).

4. $1\times2+3\times4+\cdots+99\times100$ を a に入れよ (§3).

5. たこといかが合わせて 15 匹いた．たこといかの足の合計が 140 本のとき，たこは何匹，いかは何匹か．しらみつぶしに調べる流れ図を作れ (§4).

6. 7 で割れば 3 余り，11 で割れば 5 余り，13 で割れば 6 余る数はいくつか．しらみつぶしに調べるプログラムを作れ (§5).

7.

(イ) 1983 年 1 月 1 日は何曜日か．

(ロ) 1983 年 11 月 3 日は何曜日か．

(ハ) 生まれた日は何曜日だったか各自計算してみよ (§6).

8. $c\leftarrow1000a$ を足し算だけでなるべく能率的に計算せよ (§7).

第3章
自然数の計算

§1　入出力装置と制御装置

先に進む前に，ここで入力装置と出力装置について説明しよう．計算機に数を教えるには，電動タイプライターを想像してほしい．タイプライターのキー(key)を押すと，キーごとに異なる電気信号になる．その信号は計算機に伝わり，計算機はどのキーを押したか判定する．たとえば5と押し，次に8と押し，次に数字以外(たとえばコンマ)を押すと，58という数を押したな，と計算機は判定する．このように計算機の外部より計算機へ情報を伝えるものを**入力装置**という．仮想計算機の場合は，電動タイプライターのキーを想像してほしい．逆に計算機で得られた結果を人間に知らせたいとき，やはり電動タイプライターを想像してほしい．計算機が電気信号を出すと，その信号に対応する文字がタイプされるわけである．このように計算機より外部へ情報を伝えるものを**出力装置**という．仮想計算機の場合は，電動タイプライターを出力装置としよう．

さて，計算機を動かすプログラムはどこにあるかというと，実は入力装置を通して記憶装置に記憶されている．つまり記憶装置は a, b, c, $\cdots$, z 以外にプログラムをしまう部分もあるわけである．プログラムはどのように実行されるかというと，計算機全体を制御する**制御装置**というものがあり，制御装置がプログラムをながめ，何をすべきかを記憶装置，演算装置，入出力装置に指令するわけである．

このように計算機は記憶装置，演算装置，入力装置，出力装置，制御装置の5つよりできている．

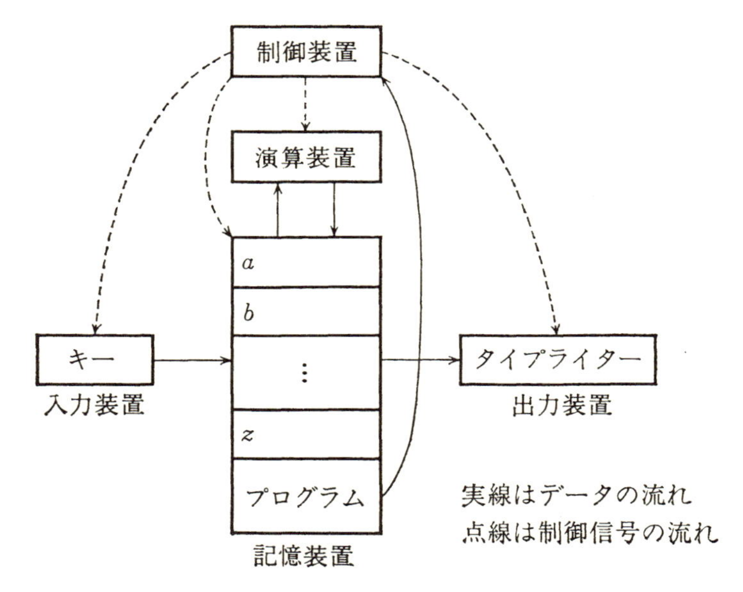

図 3.1　仮想計算機

キーよりある数を読んで記憶装置の a に入れることを記号で

input a

と書くことにする．同様に a の値をタイプ印字するには記号で

print a

と書くことにする．これよりこの新たな2つの命令がプログラムの中で使えることにする．

例　2つの数を読み込み，和を印字せよ．

解　プログラム 3.1 において，input a の命令はキーより数が入ってくるのを待っている．数および区切り記号(たとえばコンマ)が入力したとき，その数を a にしまう．

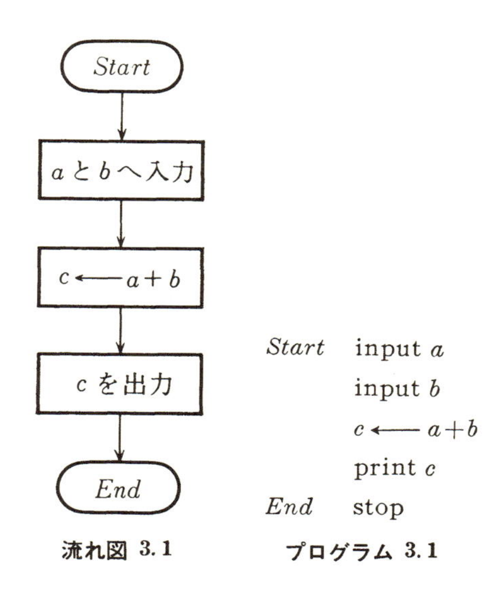

流れ図 3.1　　プログラム 3.1

§2　約数の和

さて，流れ図になれるために整数の問題をいろいろ解いてみよう．

例　自然数を n へ入力し，n のすべての約数の和 s を出力せよ．

解　s には初め 0 を入れておく．n を順に $1, 2, 3, \cdots, n$ で割ってゆき，割り切れるときは約数だから，その値を s に加えてゆけば，次頁の流れ図 3. 2，プログラム 3. 2 のようにして目的は達成される．

この解では，たとえば n が 100 万ぐらいのとき，100 万回同じことを繰り返さなければいけない．計算機がいかに速く計算するといっても限界がある．100 万回も同じことを実行するには時間がかかる．少し工夫すると次のような能率のよい解法が得られる．

n がある数 d で割り切れ，$n=d\cdot q$ となったとき，q も n の約数である．$d\leqq q$，$n=d\cdot q$ なる組み合せを求め，この d と q を s に加えてゆけばよい．$d\leqq q$ ならば $d^2\leqq d\cdot q=n$ より $d\leqq\sqrt{n}$ の範囲を d

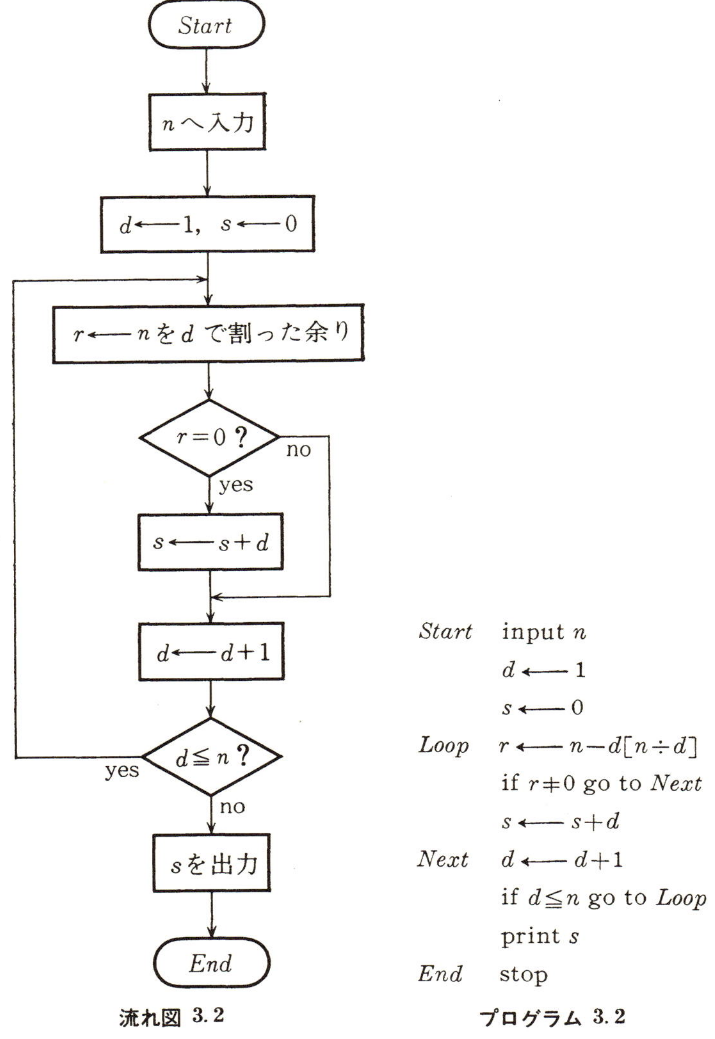

流れ図 3.2　　　　**プログラム 3.2**

が動けばよい．つまり n が 100 万ぐらいでも $\sqrt{100\text{万}} = 1000$ 回ぐらいの繰り返しで約数の和が求まる．よって流れ図 3.3，プログラム 3.3 のような解法が得られる．

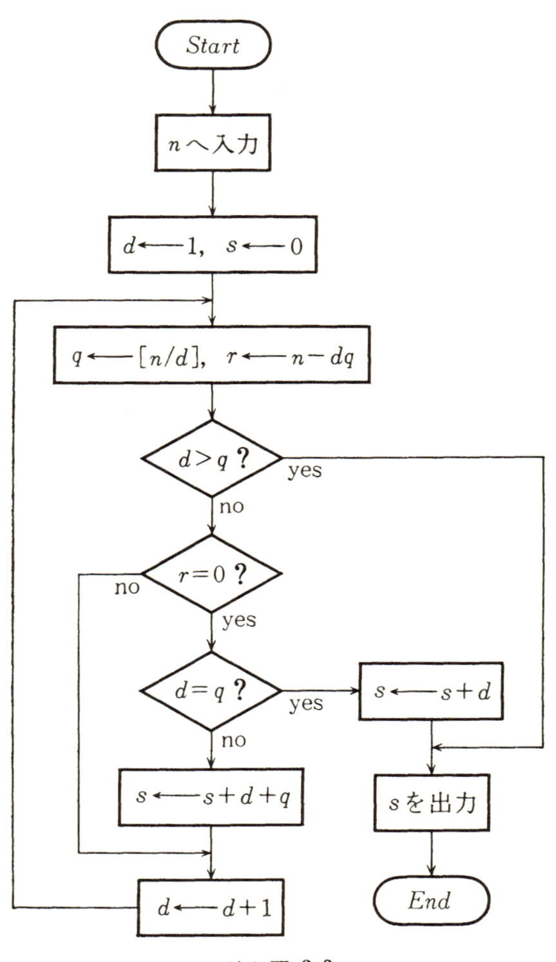

流れ図 3.3

Start	input n
	$d \longleftarrow 1$
	$s \longleftarrow 0$
Loop	$q \longleftarrow [n \div d]$
	$r \longleftarrow n-dq$

```
            if d>q go to Last 2
            if r≠0 go to Step
            if d=q go to Last 1
            s ←── s+d+q
Step        d ←── d+1
            go to Loop
Last 1      s ←── s+d
Last 2      print s
End         stop
```

プログラム 3.3

正確な説明を加えると，r は n を d で割った余りだから $0 \leqq r < d$ である．よって $d>q$ となったとき，$d \geqq q+1$ だから

$$d^2 \geqq d(q+1) = dq+d > dq+r = n$$

となり $d>\sqrt{n}$ となってしまうので，約数はすべて見つけ終っている．$r=0$ のとき，$d=q$ ならば，つまり $n=d^2$ ならば，s に d だけを加える．そうでなければ，つまり $n=d \cdot q$，$d<q$ ならば，s に d と q を加える．このようにして能率よく約数の和が求まるわけである．

§3　最大公約数

自然数を m と n へ入力し，m と n の最大公約数を出力するプログラムを作ろう．まず d を $n, n-1, \cdots, 1$ と動かし，n を d で割ってみる．割り切れたとき，d は n の約数である．このとき，m を d で割ってみる．割り切れるとき，d は m と n の公約数である．さらに d は n より1つずつ小さくしていったので，最初の公約数は最大公約数である．流れ図およびプログラムを書くと3.4のようになる．

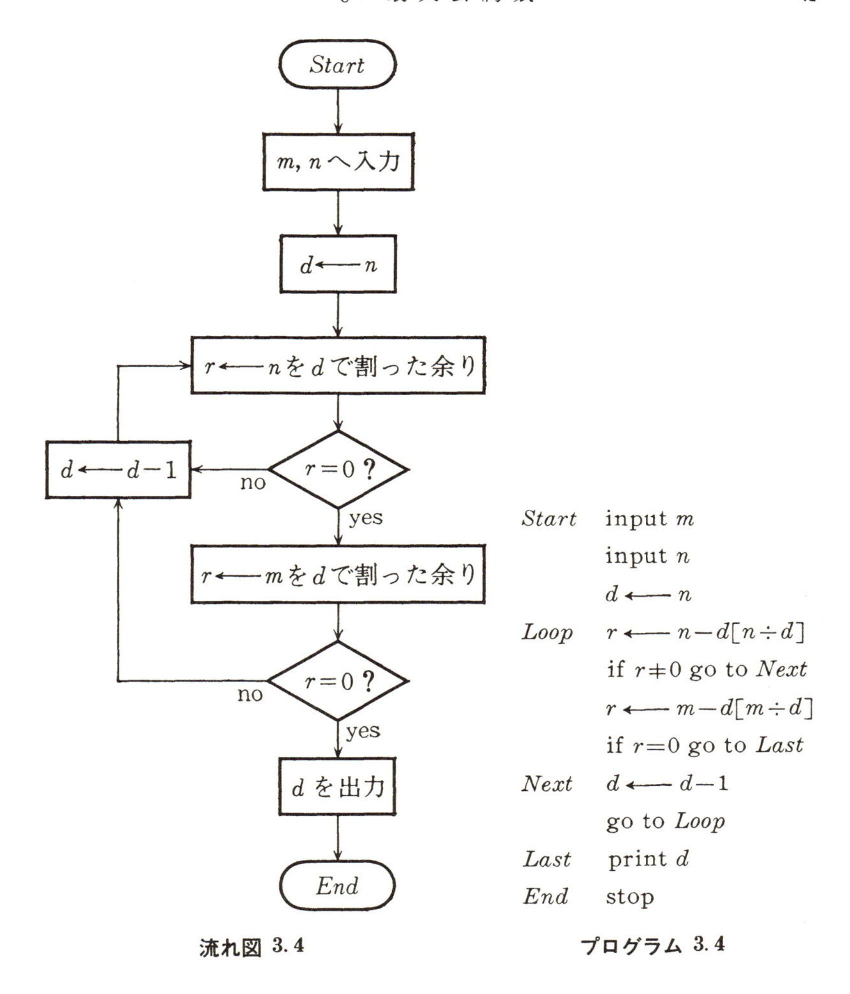

流れ図 3.4　　**プログラム** 3.4

この方法だと最大公約数が1の場合などは，d が $n, n-1, \cdots, 1$ の範囲をすべて動かなければならない．もう少し能率的な方法として $n=d\cdot q$ のとき，m を d と q で割ることである．すなわち次の頁の流れ図 3.5，プログラム 3.5 のようになる．

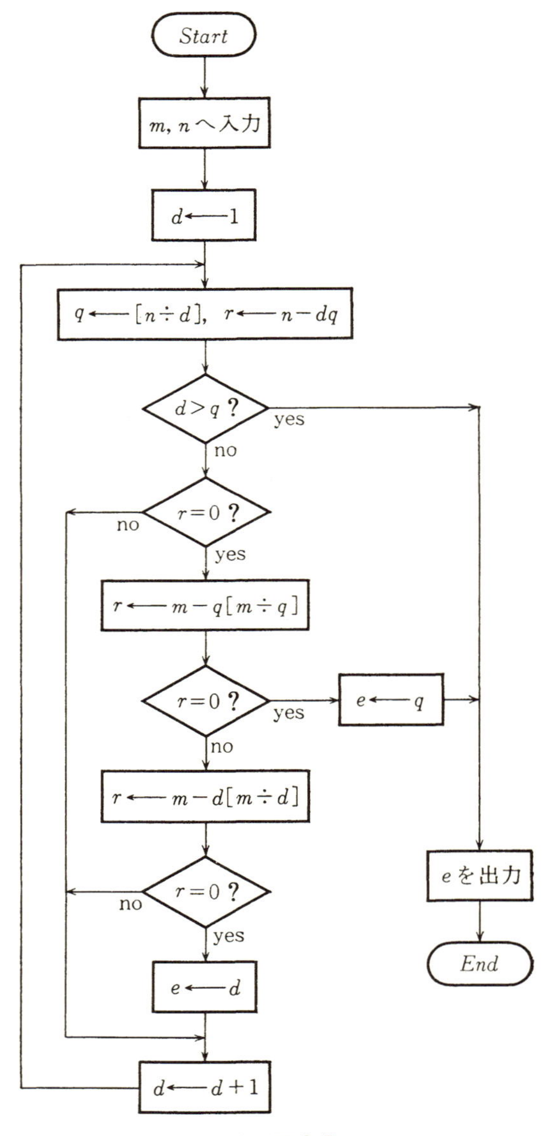

Start
m, n へ入力
d ← 1
q ← [n ÷ d], r ← n − dq
d > q ?
yes
no
r = 0 ?
no
yes
r ← m − q[m ÷ q]
r = 0 ?
yes
e ← q
no
r ← m − d[m ÷ d]
r = 0 ?
no
yes
e ← d
d ← d + 1
e を出力
End

流れ図 3.5

```
Start   input m
        input n
        d ←── 1
Loop    q ←── [n÷d]
        r ←── n−dq
        if d>q go to Last 2
        if r≠0 go to Next
        r ←── m−q[m÷q]
        if r=0 go to Last 1
        r ←── m−d[m÷d]
        if r≠0 go to Next
        e ←── d
Next    d ←── d+1
        go to Loop
Last 1  e ←── q
Last 2  print e
End     stop
```

プログラム 3.5

説明 $n=d\cdot q$, $d\leqq q$ なる組み合せのみを考えればよい．よって，$d>q$ となれば終りとなる．

$d\leqq q$ のとき，$r=0$ならば $n=d\cdot q$ となっているわけである．このとき q が m の約数ならば，q が最大公約数である．なぜならば d は 1 より 1 つずつ順に増してゆくので，q はだんだん小さくなる．よって最初に見つかった公約数 q は最大公約数である．もし m が q で割れなくて，m が d で割れたとき，d は公約数である．しかしもっと大きい公約数があるかも知れない．見つかるたびにその値を e へ入れておけば，その時点で見つかった最大の公約数が e に入っているわけである．$d>q$ となったときは完全に e が最大公約数となるわけである．

§4　ユークリッドの互除法

2つの自然数 m, n の最大公約数を (m, n) と表わすことにする．(m, n) を求めるにはユークリッドの互除法を用いるのが最も能率的である．**ユークリッドの互除法**とは

(1)　$$m = nq + r \quad ならば \quad (m, n) = (n, r)$$

という定理を繰り返し用いる方法である．たとえば $m=4676$, $n=1141$ のとき

$$4676 = 1141 \times 4 + 112$$

であるから $(4676, 1141) = (1141, 112)$ となる．同様に

$$1141 = 112 \times 10 + 21$$
$$112 = 21 \times 5 + 7$$
$$21 = 7 \times 3$$

であるから　$(1141, 112) = (112, 21) = (21, 7) = 7$　となる．単に割り算を繰り返し，余りを順に求めれば良い．

この方法は必ず有限回で終る．なぜならば1回割り算を実行するごとに，余りが前回よりも小さくなるからである．

$$m = n \cdot q_1 + r_1, \qquad r_1 < n$$
$$n = r_1 \cdot q_2 + r_2, \qquad r_2 < r_1$$
$$r_1 = r_2 \cdot q_3 + r_3, \qquad r_3 < r_2$$
$$\vdots$$

であるから $n > r_1 > r_2 > r_3 > \cdots$ となり，1回進むごとに余りは少なくとも1つずつ小さくなる．よって最悪の場合でも n 回進めば余りは0となり，(m, n) が求まる．実は $m, n < 10^e$ ならば，$5 \times e$ 回以下の割り算で (m, n) が求まることが知られている．たとえば m, n が10桁程度の大きさならば，50回以下の割り算を実行すれば (m, n) が求まるわけである．

以上の考察により，ユークリッドの互除法は安全な方法であるこ

とがわかった．この方法で $d \leftarrow (m, n)$ の流れ図およびプログラムを書くと流れ図 3.6, プログラム 3.6 のようになる．

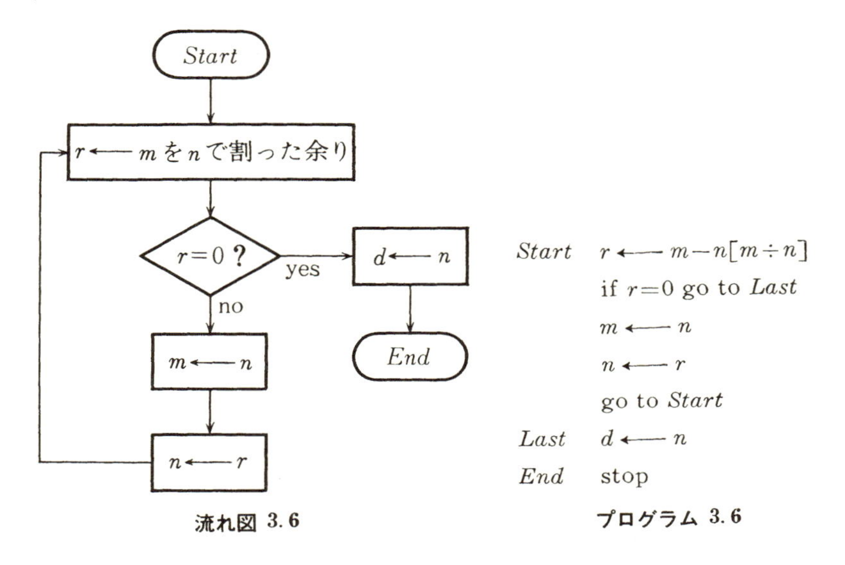

流れ図 3.6 **プログラム 3.6**

もちろん m が n で割り切れるならば，$n=(m, n)$ である．そうでなければ $(m, n)=(n, r)$ であるから，次に m の代りに n, n の代りに r を用いればよい．前節に比べてプログラムも単純だし，しかも速く計算できる．理論の勝利である．では前の頁の定理(1)がなぜ成り立つか証明しよう．

$d_1=(m, n)$, $d_2=(n, r)$ とおく．d_1 は m と n の公約数であるので $m=d_1 \cdot m_1$, $n=d_1 \cdot n_1$ と書けるから

$$r = m-nq = d_1m_1-d_1n_1q = d_1(m_1-n_1q)$$

となり d_1 は r の約数となる．d_1 は n の約数でもあるから，d_1 は n と r の公約数となる．n と r の公約数の中で最大な数が d_2 であるから $d_1 \leqq d_2$ となる．逆に d_2 が n と r の公約数であるから $n=d_2 \cdot n_2$, $r=d_2 \cdot r_2$ と書け，$m=nq+r=d_2n_2q+d_2r_2=d_2(n_2q+r_2)$ となり，

d_2 は m の約数となる．d_2 は n の約数でもあるから，d_2 は m と n の公約数である．m と n の公約数の中で最大な数が d_1 であったから $d_2 \leqq d_1$ となる．前に得られた $d_1 \leqq d_2$ と合わせて $d_1 = d_2$ となる．つまり(1)が証明された．

§5　分数の計算

分数は分母と分子を別々に記憶すれば，近似値としてでなく正確に扱うことができる．a と b の2つの箱を使って $\frac{a}{b}$ を表わしていると思うことにしよう．同様に c と d の2つの箱を使って $\frac{c}{d}$ を表わしていると思うことにする．このとき

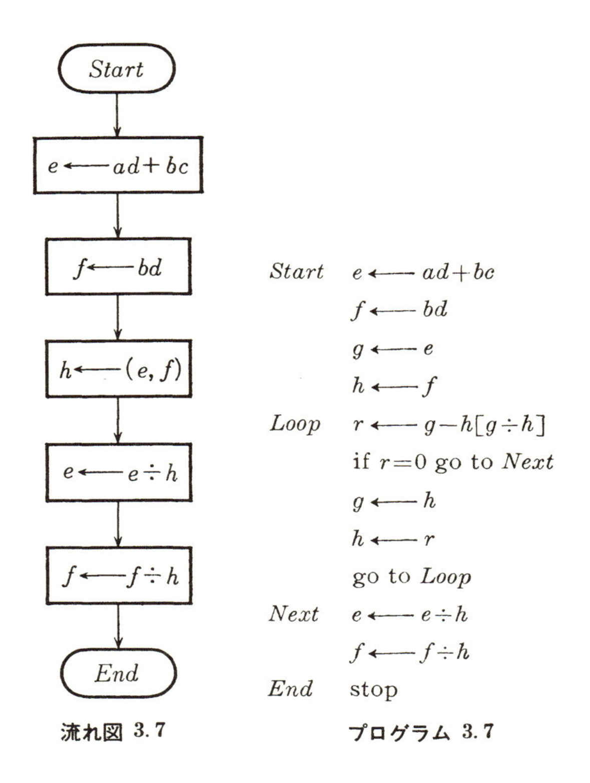

流れ図 3.7　　プログラム 3.7

$$\frac{e}{f} \longleftarrow \frac{a}{b}+\frac{c}{d}$$

とするにはどうしたらよいだろうか．ただし e と f には共通の約数がないとする．つまり既約分数とする．小学生の計算と同様に通分し，加え，次に分母と分子を最大公約数で割ればよい．つまり

$$\frac{a}{b}+\frac{c}{d}=\frac{ad}{bd}+\frac{bc}{bd}=\frac{ad+bc}{bd}$$

であるから流れ図およびプログラムは前の頁の 3.7 のようになる．プログラム 3.7 の途中で (g, h) をユークリッドの互除法を用いて計算している．

§6 素数の判定

素数とは 2 以上の自然数で，真の約数を持たないものである．つまり 1 および自分自身でしか割れない数である．小さい順に書くと 2, 3, 5, 7, 11, 13, 17, 19, … となり無限にある．どのような自然数も素因子分解できる．つまり素数の積にただひと通りの方法で書ける．このようなわけで，素数は自然数のいろいろな性質を調べるとき大切な数である．ところである自然数が与えられたとき，手軽に素数か否か判定するにはどうしたらよいだろうか．2 と 3 は素数だから，3 より大きな素数は 5 以上の奇数である．よって n が 5 以上の奇数のとき，n＝素数 ならば $s\leftarrow 1$ とし，n＝合成数(つまり素数でない)ならば $s\leftarrow 0$ とするプログラムを作りたい．もし n が合成数ならば $n=ab,\ 1<a\leqq b<n$ となる n の真の約数 a と b があるはずである．このとき $a^2\leqq ab=n$ となる．n が奇数だから a, b は勿論奇数である．よって n を小さい順に 3, 5, 7, 9, … で割ってゆく．もし n が合成数ならばいつか割り切れるはずである．d を小さい順に 3, 5, 7, 9, … と大きくしてゆくと商 q は次第に小さくなる．$q\leqq d$ になるまで割

れなかったとすると

$$n = dq + r, \quad 0 < r < d, \quad q \leqq d$$

であるから

$$(d+2)^2 = d^2 + 4d + 4 > d^2 + d > dq + r = n$$

となる．よって $d^2 \leqq n$ なる約数はなかったことになる．つまり n は素数と判定してよい．

以上をまとめると，次のようになる．

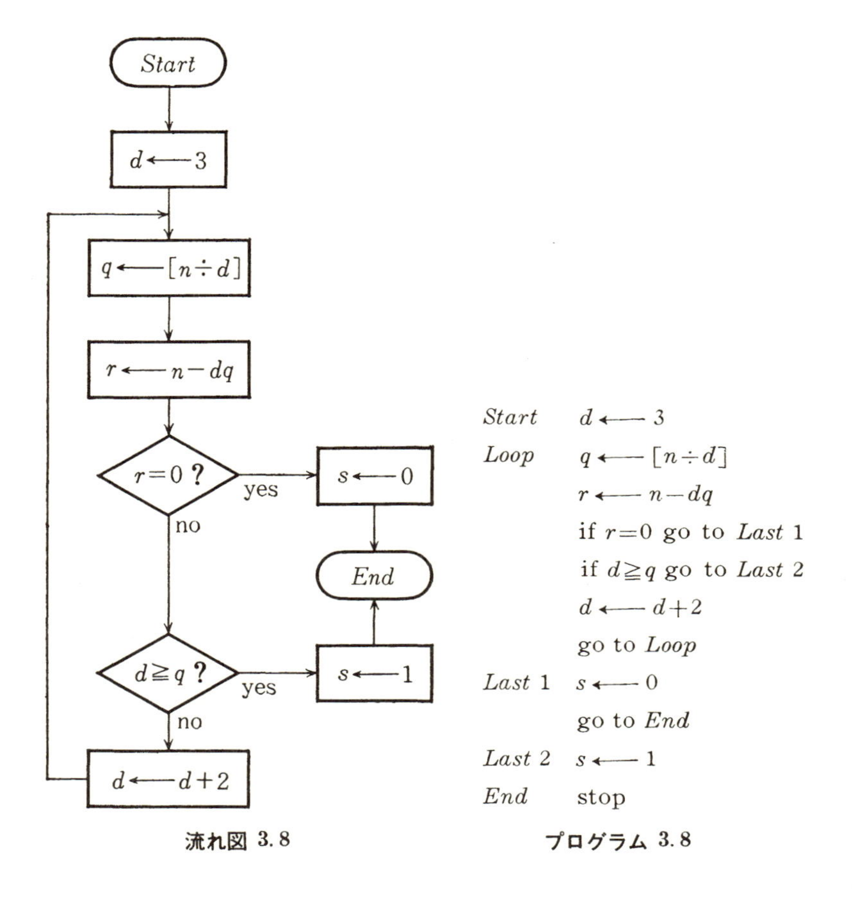

流れ図 3.8　　　プログラム 3.8

反省 $r=0$ のとき，d は n の真の約数だろうか．つまり，$d<n$ であろうか．m 回割り算を実行したときの r, d, q を r_m, d_m, q_m と書くことにし，$r_1, r_2, \cdots, r_{m-1}$ は 0 でなく r_m が 0 となったとする．もし $d_m=n$ となったならば，その 1 回前の割り算においては，プログラム 3.8 において *Last* 2 へ進まなかったのだから $d_{m-1}<q_{m-1}$ である．また $n=d_m=d_{m-1}+2$ であるから

$$n = d_{m-1}q_{m-1}+r_{m-1} > d_{m-1}{}^2 = (n-2)^2 = n^2-4n+4$$

$$\therefore \quad 0 > n^2-5n+4 = n(n-5)+4$$

ところが $n \geqq 5$ であるから，$n(n-5)+4 \geqq 4>0$ となり不合理である．つまりこの流れ図は正しい．このように流れ図を作るときは細かいところにも気を使わねばいけない．

§7 素因子分解

ある自然数を入力し，そのすべての素因子を出力するプログラムを作りたい．どうしたらよいだろうか．入力した値を n へしまう．まず n を 2 で割れるならば，割れるだけ割る．1 回割れたら 2 を出力し $n \leftarrow n/2$ とする．同じことを繰り返すとやがて n はもう 2 では割れなくなる．このとき $n=1$ ならば終りである．$n>1$ ならば 3 で割れるだけ割ってゆく．次に 5 で割れるだけ割ってゆく．次に 7 で割れるだけ割ってゆく．次に 9 で割ってみる．このとき 9 では決して割れない．9 で割れるならば 3 で割れるわけで，n は 3 で割れるだけ割ってしまったからである．このように 3 以上の奇数で順に割ってゆく．割れるとき，約数は素数となる．どんどん割れて $n=1$ となったならば終りである．また d で割り切れず，$n=dq+r$，$0<r<d$，$q \leqq d$ となったならば n は素数と判定してよい．$d+1>\sqrt{n}$ となり，$\sqrt{n}$ 以下の数で n が割れないからである．よって次の流れ図 3.9，プログラム 3.9 で素因子分解される．

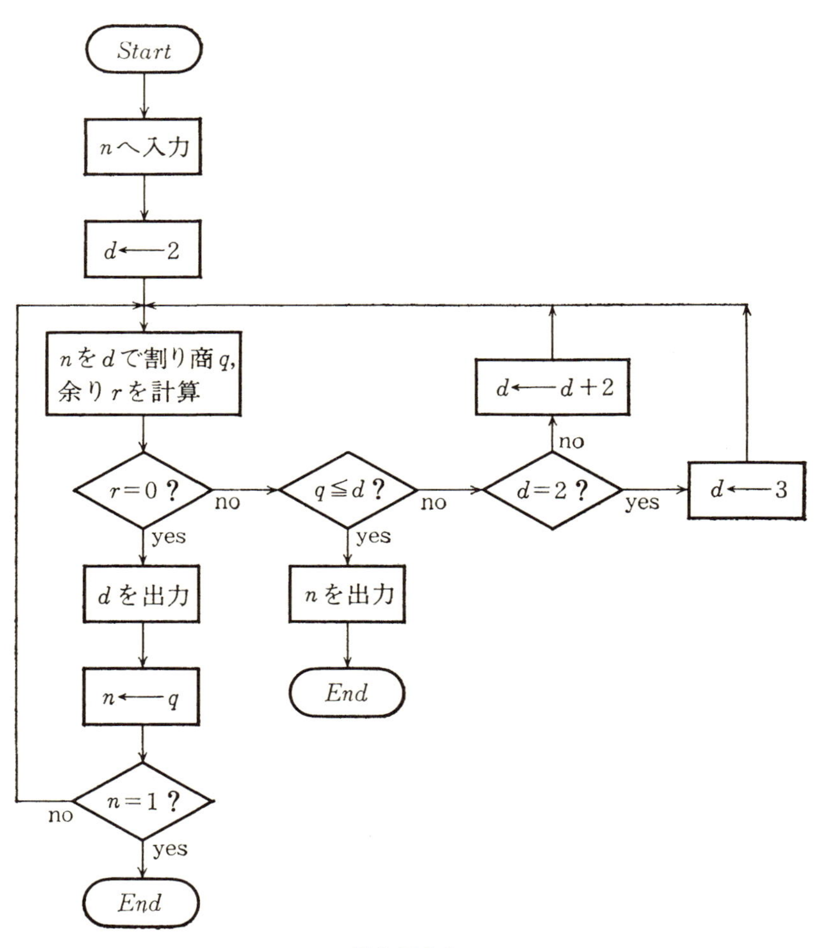

流れ図 3.9

Start	input n
	$d \longleftarrow 2$
Loop	$q \longleftarrow [n \div d]$
	$r \longleftarrow n-dq$
	if $r \neq 0$ go to *Next* 1

```
          print d
          n ←── q
          if n=1 go to End
          go to Loop
Next 1    if d<q go to Next 2
          print n
          go to End
Next 2    if d=2 go to Next 3
          d ←── d+2
          go to Loop
Next 3    d ←── 3
          go to Loop
End       stop
```

プログラム 3.9

練習問題

1. 約数の個数を求めるプログラムを作れ(§2).

2. (187, 143) を求めよ(§4).

3. $\dfrac{a}{b}$ と $\dfrac{c}{d}$ の差，積，商を計算する流れ図を作れ(§5).

4. 101 は素数か否か判定せよ(§6).

5. 4662 を素因子分解せよ(§7).

第4章
近似計算

計算機は四則算法を行なうとき，近似計算を行なっているので，何かの値を計算しようとしても，答が整数である場合を除けば，近似値しか得られない．よって計算機で何か値を計算するとは，近似値を求めることであり，それ以上のことはできない．他方，理論的には有限回の四則算法で求めることのできない値でも，近似値ならば求まることが多い．この章では，有限回の四則算法で近似値を求める方法について述べよう．

§1　2分法

いま2の平方根$\sqrt{2}$を求めたい．どうすればよいだろうか．$f(x)=x^2-2$とおけば$\sqrt{2}$は$f(x)=0$の根である．$f(1)=1^2-2=-1$,

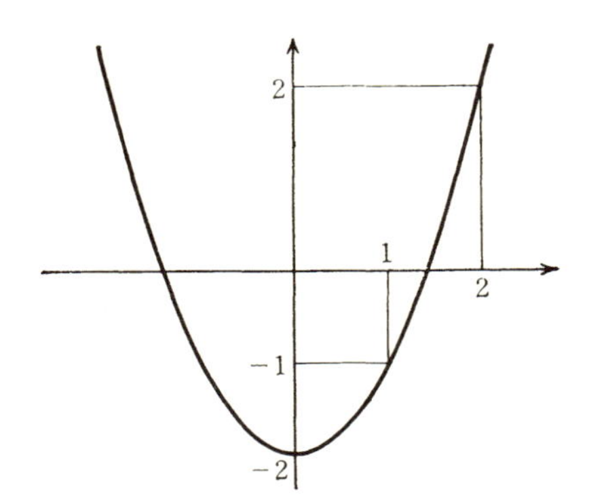

図4.1　$y=x^2-2$

$f(2)=2^2-2=2$ であるから $\sqrt{2}$ は 1 と 2 の間にある．このようなとき，2 分法という確実な方法がある．1 と 2 の間に根があるのだから，中間の値 1.5 を選び $f(1.5)$ を計算する．$f(1.5)=0.25$ であるから，1 と 1.5 の間に根があることがわかる．ふたたび中間の点 1.25 を選び $f(1.25)$ を計算すると $f(1.25)=-0.4375$ となる．よって根は 1.25 と 1.5 の間にあることがわかる．このようにしてだんだん根を

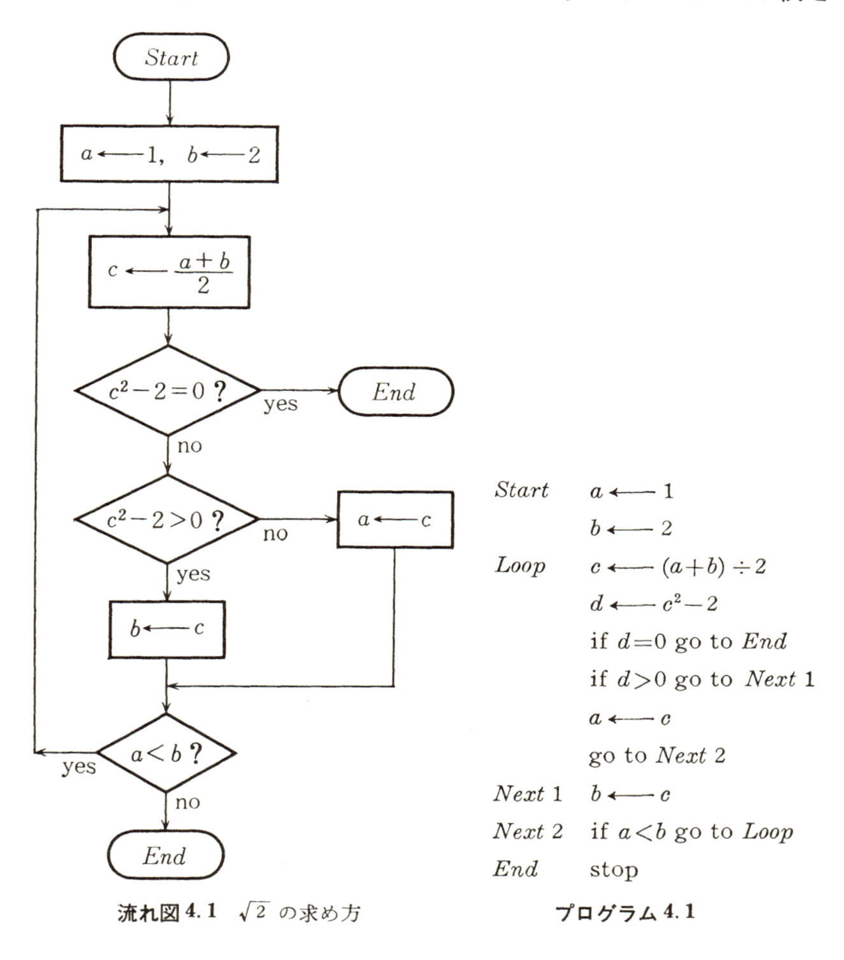

流れ図 4.1 $\sqrt{2}$ の求め方

プログラム 4.1

追いつめてゆく．一般的に書くと次のようになる．

いま $f(a)<0$, $f(b)>0$ となったとする．よって $f(x)=0$ の根は a と b の間にあるはずである．$c=\dfrac{a+b}{2}$ とおく．$f(c)=0$ ならば根は求まった．$f(c)<0$ ならば $f(b)>0$ であるから，c と b の間に根があるはずである．$f(c)>0$ ならば $f(a)<0$ であるから，a と c の間に根があるはずである．よって $f(c)<0$ のときは $a\leftarrow c$ とし $f(c)>0$ の場合は $b\leftarrow c$ とおけばやはり a と b の間に根があり，しかも a と b の差は前の半分になる．よって同じことを繰り返してゆけば，根はだんだん追いつめられる．まとめると $\sqrt{2}$ を求めるには前の頁の流れ図 4.1 のようになる．

この流れ図において $a<b$ にきまっているのに何故 $a<b$ か否か調べるのだろう，と疑問に思うだろう．しかし a や b は 9 桁の精度しかなく

表 4.1

回数	a	b	$f(c)$
始め	1	2	0.25
1	1	1.5	−0.4375
2	1.25	1.5	−0.109375
3	1.375	1.5	0.06640625
4	1.375	1.4375	−0.0224609375
5	1.40625	1.4375	0.0217285156
6	1.40625	1.421875	−0.000427246094
7	1.4140625	1.421875	0.010635376
8	1.4140625	1.41796875	0.00510025024
9	1.4140625	1.41601563	0.0023355484
10	1.4140625	1.414503906	0.000953912735
⋮			
20	1.41421318	1.41421413	2.69152224×10^{-7}
⋮			
28	1.41421356	1.41421356	0

$$2^{30}=(2^{10})^3=(1024)^3 \doteqdot 10^9$$

であるから30回ぐらい半分半分にしてゆけば，a と b の差は 10^{-9} 以下となり，9桁の精度では同じ値になってしまう．具体的に計算すると前頁の表4.1のようになった．

28回繰り返すと $a=b$ となり，しかも $\left(\frac{a+b}{2}\right)^2-2=0$ となった．よって $\sqrt{2} \doteqdot 1.41421356$ が得られたわけである．

このようにある関数 $f(x)$ に対して $f(a)<0$, $f(b)>0$ のときは $f(x)=0$ なる根が a と b の間で求まる．このように a と b の間隔を半分ずつにしてゆき，根を求める方法を**2分法**という．確実な方法であるが，少し時間がかかるのが難点である．通常は次に述べるニュートン法で平方根を求める．

§2 平方根(ニュートン法)

ほとんどすべての電卓は四則算法以外に平方根を求めることができる．平方根は一体どのようにして四則算法より計算されるのだろうか．

$a>0$ のとき $\sqrt{a}$ は $y=x^2-a$ のグラフの x 軸との交点として求まる．$\sqrt{a}<x_0$ のとき，放物線 $y=x^2-a$ 上の点 $P(x_0, y_0)$, $y_0={x_0}^2-a$

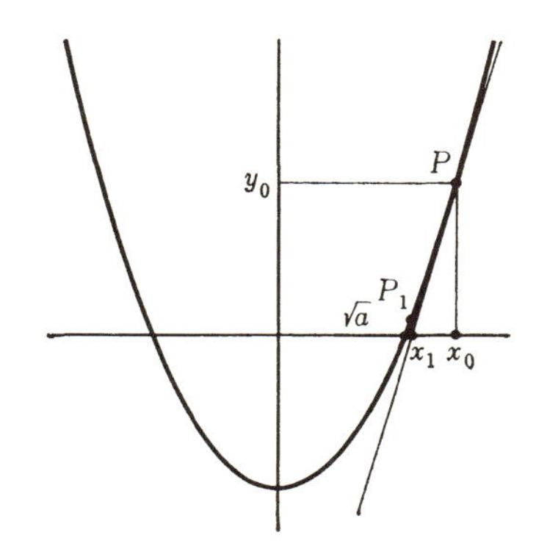

図4.2　$y=x^2-a$

における接線を引いたとする．この接線が x 軸と交わる点を x_1 とすれば，図 4.2 よりわかるように $\sqrt{a}<x_1<x_0$ となり x_0 より x_1 の方がより $\sqrt{a}$ に近くなる．次に放物線上の点 $P_1(x_1, y_1)$, $y_1=x_1^2-a$ における接線を引き，この接線が x 軸と交わる点を x_2 とすれば $\sqrt{a}<x_2<x_1<x_0$ となり，x_2 は $\sqrt{a}$ により近づく．この操作を続ければ $\sqrt{a}$ の近似値が求まるであろう．さて放物線 $y=x^2-a$ 上の点 $P(x_0, y_0)$ における接線の傾きを求めたい．そのために P の近くの放物線上の点 $Q(x, y)$ をとると，P と Q を通る直線の傾きは

$$\frac{y-y_0}{x-x_0}=\frac{(x^2-a)-(x_0^2-a)}{x-x_0}=\frac{x^2-x_0^2}{x-x_0}=x+x_0$$

となる．点 Q が点 P に近づき，点 Q が点 P に一致した瞬間には $x=x_0$ であり，このとき接線となるから接線の傾きは $2x_0$ となる．

よって図 4.2 より

$$2x_0=\frac{y_0}{x_0-x_1}$$

$$x_0-x_1=\frac{y_0}{2x_0}$$

$$\therefore\quad x_1=x_0-\frac{y_0}{2x_0}=x_0-\frac{x_0^2-a}{2x_0}=\frac{x_0^2+a}{2x_0}=\frac{1}{2}\left(x_0+\frac{a}{x_0}\right)$$

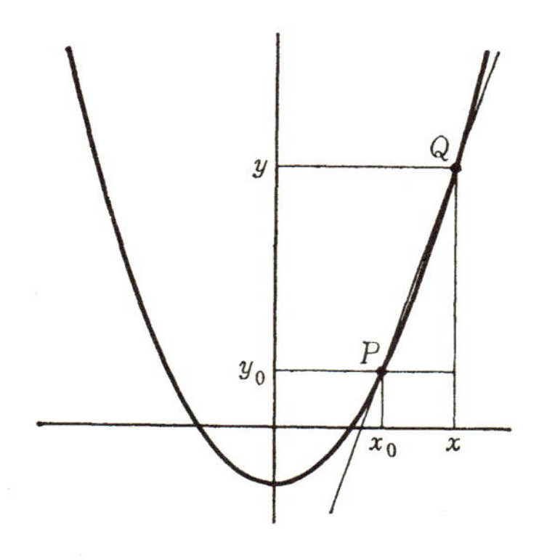

図 4.3

となる．一般に

$$(1)\qquad x_{n+1}=\frac{1}{2}\left(x_n+\frac{a}{x_n}\right)$$

とおけば $\sqrt{a}<\cdots<x_2<x_1<x_0$ となる．さらに

$$x_{n+1}-\sqrt{a}=\frac{1}{2}\left(x_n+\frac{a}{x_n}\right)-\sqrt{a}=\frac{1}{2x_n}(x_n{}^2+a-2x_n\sqrt{a})$$
$$=\frac{1}{2x_n}(x_n-\sqrt{a})^2$$

となり

$$(2)\qquad x_{n+1}-\sqrt{a}=\frac{1}{2x_n}(x_n-\sqrt{a})^2$$

が得られる．この式(2)は，もし x_n が $\sqrt{a}$ に小数点以下5桁まで合っていたら，x_{n+1} は $\sqrt{a}$ に小数点以下10桁までほぼ合うことを表わしている．すなわち $x_0, x_1, x_2, \cdots$ と求めてゆくと急速に $\sqrt{a}$ に近づくわけである．近づくけれども理論上は $\sqrt{a}$ にピタリと一致するわけではない．しかし四則算法は，精度9桁の近似計算であることを思い出してほしい．x_n が $\sqrt{a}$ に9桁まで合っていたら，$\sqrt{a}<x_{n+1}<x_n$ より x_n と x_{n+1} も9桁まで合っているはずである．よって近似計算では $x_{n+1}<x_n$ となるわけにはゆかない．すなわちいつかは $x_n \leqq x_{n+1}$ となる．このとき x_n は十分 $\sqrt{a}$ に近いので $\sqrt{a}$ が計算できたと思ってよいわけである．$\sqrt{a}$ が得られたというより $\sqrt{a}$ の近似値が得られたわけである．流れ図およびプログラムを書くと次の頁の4.2のようになる．

この流れ図において初めに $x=\dfrac{a+1}{2}$ とおいた．このとき

$$\frac{a+1}{2}-\sqrt{a}=\frac{a+1-2\sqrt{a}}{2}=\frac{(1-\sqrt{a})^2}{2}\geqq 0$$

であるから $a \neq 1$ のときは $\sqrt{a}<x$ となっている．*End* になったと

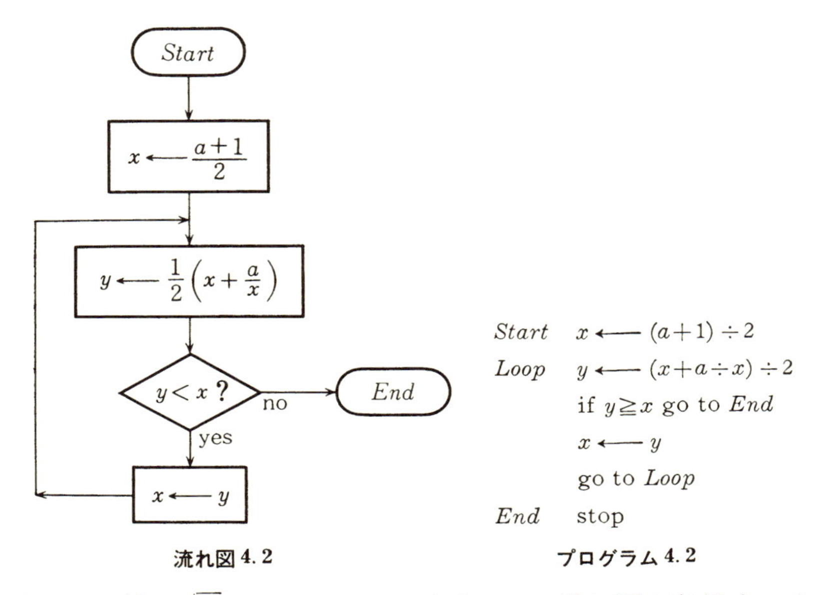

流れ図 4.2　　**プログラム 4.2**

きの x の値が $\sqrt{a}$ である．$a=2$ のとき，この流れ図を実行すると x は次のように変化した．

表 4.2

回数	x
出発	1.5
1	1.41666667
2	1.41421569
3	1.41421356
4	1.41421356

わずか3回目に $\sqrt{2}$ が得られたわけである．

このように平方根の計算は，計算機の内部では四則算法と判断が組み合わさってできている．ともかくグラフ $y=f(x)$ の1点より接線を引き，x 軸との交点を求めることを繰り返し，$f(x)=0$ となる x が近似計算できることが多い．この方法を**ニュートン法**という．

§3　サブルーチン

いろいろなプログラムを作るとき，平方根を求めることはよく必要になる．また同じプログラムの中でも，平方根を求める必要が何度も起ることがある．たとえば$e \leftarrow \sqrt{b}+\sqrt{c}$ の計算では$\sqrt{b}, \sqrt{c}$ をそれぞれ計算しなければならない．このようなとき，平方根を求める部分を**サブルーチン**(副プログラム)の形にまとめておくとよい．たとえば前節のプログラムは$x \leftarrow \sqrt{a}$ の働きをするので，もし次のようなことができたら都合がよい．

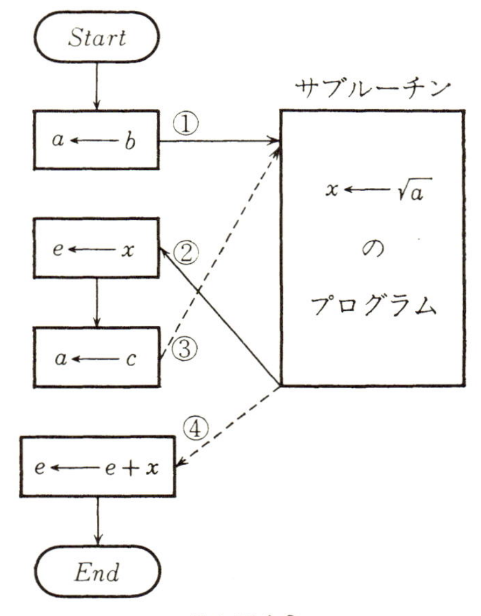

流れ図 4.3

つまりまず$\sqrt{b}$ を計算するために$a \leftarrow b$とし，サブルーチンで$\sqrt{a}$ を計算する．次に$\sqrt{c}$ を計算するために$a \leftarrow c$とし，サブルーチンで$\sqrt{a}$ を計算する．

さてここで問題なのは，$\sqrt{b}$ を計算して帰ってくる所と，$\sqrt{c}$ を計算して帰ってくる所が異なることである．上の流れ図で①でサブルーチンに行ったときは②と帰ってきてほしい．③でサブルーチンへ行ったときは④と帰ってきてほしい．このようなプログラムを書くことは可能である．サブルーチンへ行く命令の書いてある行の場所をどこかに記憶しておき，戻ってくるときに，その次の行へ帰ればよい．計算機はこのことを自動的に行なってくれる．たとえば平方根(square root)を求める $x \leftarrow \sqrt{a}$ のサブルーチンは次のように書けばよい．

Sqr	$x \longleftarrow (a+1) \div 2$
Loop	$y \longleftarrow (x+a \div x) \div 2$
	if $y \geqq x$ go to *End*
	$x \longleftarrow y$
	go to *Loop*
End	return

プログラム 4.3

前節のプログラムと異なるところは stop のところが **return** となっているだけである．このようにすればサブルーチンは完成する．またサブルーチンへ行くときは go to *Sqr* としないで **go sub** *Sqr* とする．このようにすれば計算機はどの行よりサブルーチンへ行ったか自動的に記憶し，return で帰ってゆくべき行を見つけることができる．よって $e \leftarrow \sqrt{b} + \sqrt{c}$ のプログラムは次のようになる．

Start	$a \longleftarrow b$
	go sub *Sqr*
	$e \longleftarrow x$
	$a \longleftarrow c$
	go sub *Sqr*
	$e \longleftarrow e+x$
End	stop

プログラム 4.4

このように平方根を求めるサブルーチンを1つ作っておけば，いつでも容易に平方根が計算できる．よって以後，四則算法と同じように平方根も1行の命令の中に書いてよいことにする．

例 $b \leftarrow \sqrt[4]{a}$ なるプログラムを作れ．

解 $\sqrt[4]{a} = \sqrt{\sqrt{a}}$ であるから2回平方根を取ればよい．

$$
\begin{array}{ll}
Start & b \longleftarrow \sqrt{a} \\
 & b \longleftarrow \sqrt{b} \\
End & \text{stop}
\end{array}
$$

プログラム 4.5

例 三角形の3辺の長さが a, b, c のとき，その面積を求めよ．

解 ヘロンの公式によれば，面積 x は

$$x = \sqrt{s(s-a)(s-b)(s-c)}, \qquad s = \frac{(a+b+c)}{2}$$

として計算できる．よって x は次のように求まる．

$$
\begin{array}{ll}
Start & s \longleftarrow (a+b+c) \div 2 \\
 & x \longleftarrow \sqrt{s(s-a)(s-b)(s-c)} \\
End & \text{stop}
\end{array}
$$

プログラム 4.6

例 2次方程式 $ax^2+bx+c=0$，$a \neq 0$ の根を求めよ．

解 $d=b^2-4ac$ とすると $d>0$ のときは2つの実根 $\dfrac{-b \pm \sqrt{d}}{2a}$ があり，$d=0$ のときは1つの重根 $\dfrac{-b}{2a}$ があり，$d<0$ のときは実根はない．よって $d>0$ のときは $s \leftarrow 2$，$x \leftarrow \dfrac{-b+\sqrt{d}}{2a}$，$y \leftarrow \dfrac{-b-\sqrt{d}}{2a}$ となり，$d=0$ のときは $s \leftarrow 1$，$x \leftarrow \dfrac{-b}{2a}$ となり，$d<0$ のときは $s \leftarrow 0$，$x \leftarrow \dfrac{-b}{2a}$(実部)，$y \leftarrow \dfrac{\sqrt{-d}}{2a}$(虚部)となるプログラムを作ろう．$s$ は実根の個数のつもりである．

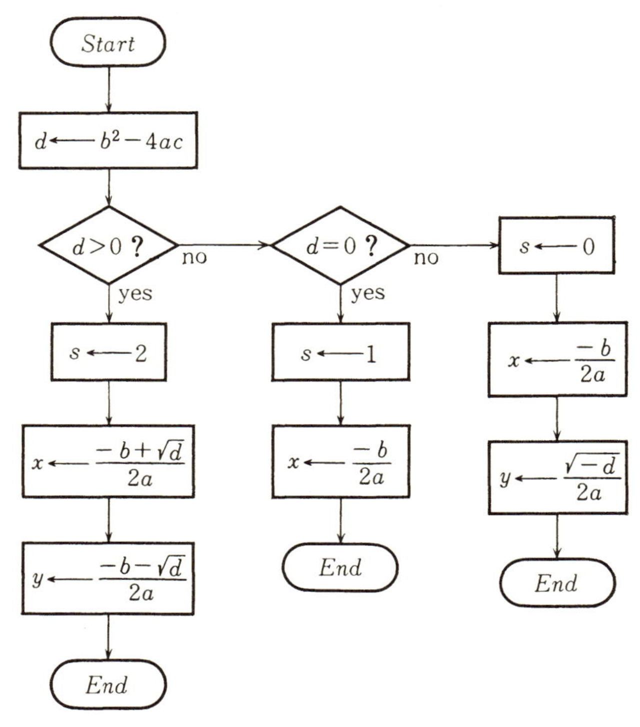

流れ図 4.4

Start	$d \longleftarrow b^2-4ac$
	if $d \leqq 0$ go to *Next* 1
	$s \longleftarrow 2$
	$x \longleftarrow (-b+\sqrt{d}) \div (2a)$
	$y \longleftarrow (-b-\sqrt{d}) \div (2a)$
	stop
Next 1	if $d<0$ go to *Next* 2
	$s \longleftarrow 1$
	$x \longleftarrow -b \div (2a)$
	stop
Next 2	$s \longleftarrow 0$

$x \longleftarrow -b \div (2a)$

$y \longleftarrow \sqrt{-d} \div (2a)$

stop

プログラム 4.7

§4　円周率の計算

円周率πはどのように計算したらよいだろうか．半径1の円の円周の長さが2πであるから，円周の近似値を工夫して求めよう．そのために円に内接する正$2n$角形を描き，その正$2n$角形の周の長さを計算しよう．この値は，nを大きくすればするほど2πに近づくであろう．まず初めに$n=3$とすれば正6角形の周の長さは6となる．次にnを2倍にして正12角形の周の長さを求めたい．そのために一般に正$2n$角形の一辺の長さをa，正$4n$角形の一辺の長さをbとしたとき，bの値をaの値より計算する公式を作ろう．

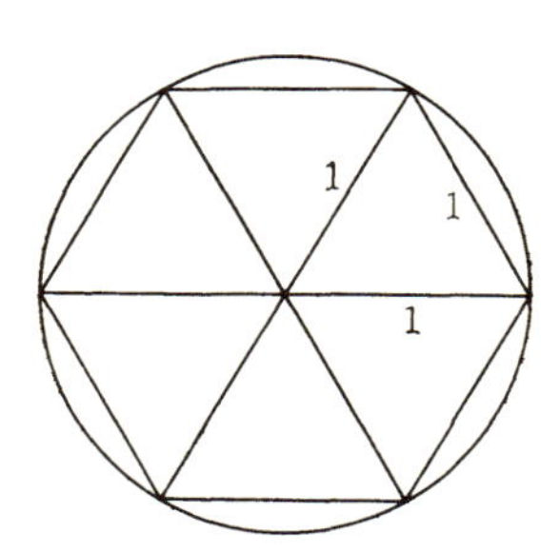

図 4.4

図4.5において$\overline{OA}=1$，$\overline{AB}=a$，$\overline{AC}=\overline{BC}=b$，$\overline{OD}=y$とする．△OADおよび△CDAは共に直角三角形である．このときピタゴラスの定理より

$$(1)\qquad y^2+\left(\frac{a}{2}\right)^2=1$$

となる．また$\overline{CD}=1-y$であるから

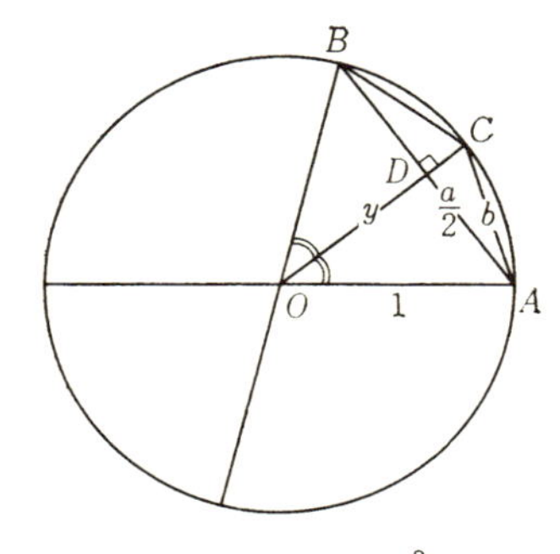

図 4.5

(2) $$(1-y)^2+\left(\frac{a}{2}\right)^2=b^2$$

となる．(2)を展開すると

$$1-2y+y^2+\left(\frac{a}{2}\right)^2=b^2$$

(1)を用いると

$$1-2y+1=b^2$$

(3) $$\therefore\quad b^2=2-2y$$

となる．(1)の両辺を4倍すると

$$(2y)^2+a^2=4$$

$$\therefore\quad 2y=\sqrt{4-a^2}$$

となる．(3)に代入すると

(4) $$b=\sqrt{2-\sqrt{4-a^2}}$$

が得られる．

さてこの公式(4)より正12角形の一辺の長さは $\sqrt{2-\sqrt{3}}$ となる．この値と(4)を用いれば，正24角形の一辺の長さもわかる．同様に48角形，96角形と計算してゆけば，正多角形はだんだん円に近づき，円周率が計算されるであろう．よって次の頁のプログラム4.8を作った．

流れ図4.5において $2b \leqq a$？と調べているところが気にかかるで

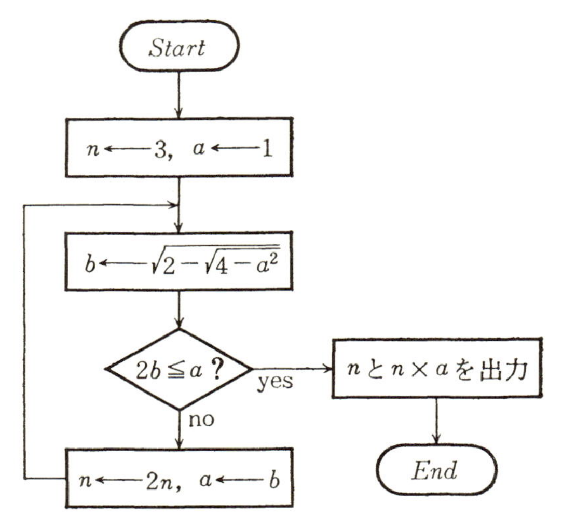

流れ図 4.5

```
Start   n ←— 3
        a ←— 1
Loop    b ←— √(2−√(4−a²))
        if 2b≦a go to Last
        n ←— 2n
        a ←— b
        go to Loop
Last    print n
        print na
End     stop
```

プログラム 4.8

あろう．理論的には $a<2b$ であるが，正多角形がほとんど円のようになれば，精度9桁では $a=2b$ となってしまう．このとき正 $2n$ 角形の周の半分の長さは $n \cdot a$ であるから，この値が π の近似値となる．実際にこのプログラムを実行してみると $n=768$ のとき正 $2n$

角形の一辺の長さ a は 4.0906012×10^{-3} となり $na=3.14158172$ となった．真の値 $\pi=3.14159265$ とだいぶちがうので，どこがいけないのか考えてみた．どう考えてもこのプログラムは完全なので，近似計算ではこの程度のことしかできないのだろう，とあきらめかけた．誤差がつもりつもって大きくなったのだろうと考えた．しかし，もう一度このプログラムを見直したとき，桁落ちという恐ろしいことの発生に気がついた．n を2倍，2倍としてゆくと，a の値は0にどんどん近づく．すると $4-a^2$ は4に近づき $\sqrt{4-a^2}$ は2に近づく．このとき $2-\sqrt{4-a^2}$ の計算において，桁落ちが発生するのである．例えば $n=768$ のとき $\sqrt{4-a^2}=1.99999582$ となる．このとき $2-\sqrt{4-a^2}=0.00000418$ となるが，この値の精度は3桁しかない．このようにほとんど同じ大きさの2つの値の引き算をすると，精度が急激に悪くなる．この現象を**桁落ち**という．では桁落ちが発生しないようにするにはどうしたらよいだろうか．少しの工夫で桁落ちが防げることがある．今の場合

$$
\begin{aligned}
2-\sqrt{4-a^2} &= \frac{(2-\sqrt{4-a^2})(2+\sqrt{4-a^2})}{2+\sqrt{4-a^2}} \\
&= \frac{4-(4-a^2)}{2+\sqrt{4-a^2}} \\
&= \frac{a^2}{2+\sqrt{4-a^2}}
\end{aligned}
$$

であるから $b\leftarrow\sqrt{2-\sqrt{4-a^2}}$ のところを $b\leftarrow a\div\sqrt{2+\sqrt{4-a^2}}$ と直せばよい．このようにすれば桁落ちは発生しない．このように修正してプログラムを実行すると

$$
n=49152, \qquad na=3.14159265
$$

となった．桁落ちさえ発生しなければ，9桁の精度が得られるわけである．数学的には

$$\sqrt{2-\sqrt{4-a^2}} = a \div \sqrt{2+\sqrt{4-a^2}}$$

であるが，近似計算を実行するときは大違いなのである．

§5 三角関数

関数電卓には $\sin x$，$\cos x$，$\tan x$ 等を計算する機能があるが，一体どのように計算するのだろうか．まず初めに $\sin x$ の計算法を説明しよう．$\sin(x+2\pi)=\sin x$ であるから，2π の倍数を x に足したり引いたりして $-\pi \leqq x \leqq \pi$ だと思ってよい．また $\sin(\pi-x)=\sin(-\pi-x)=\sin x$ であるから $-\frac{\pi}{2} \leqq x \leqq \frac{\pi}{2}$ だと思ってよい．この範囲での $\sin x$ と $x-\frac{x^3}{6}$ のグラフを描くと次のようになる．

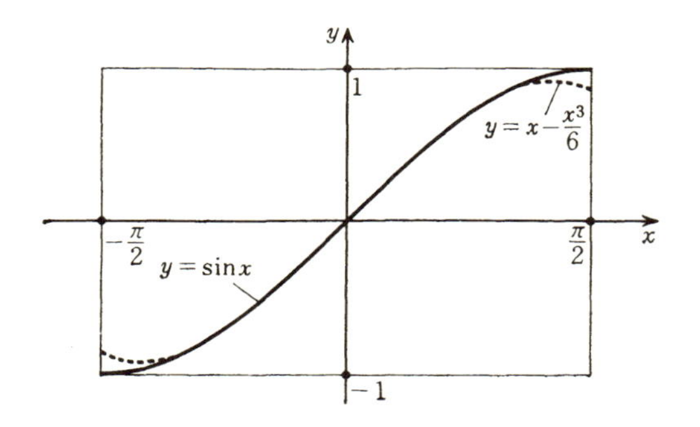

図 4.6

このグラフを見ると，x が小さい範囲では $y=x-\frac{x^3}{6}$ は $\sin x$ とほぼ同じ値となるが，x が $\frac{\pi}{2}$ に近づくと，値はずれてくる．しかし 3 次式ではなく，もっと次数の高い多項式を用いると $\sin x$ に近づかせることができる．たとえば次のような 11 次式を用いてみよう．

$$f(x) = 1.5707963266214 \times \left(\frac{2}{\pi}x\right)$$
$$-0.6459640926441 \times \left(\frac{2}{\pi}x\right)^3$$

$$+0.0796925872867\times\left(\frac{2}{\pi}x\right)^5$$
$$-0.0046816202402\times\left(\frac{2}{\pi}x\right)^7$$
$$+0.0001602171358\times\left(\frac{2}{\pi}x\right)^9$$
$$-0.0000034181728\times\left(\frac{2}{\pi}x\right)^{11}.$$

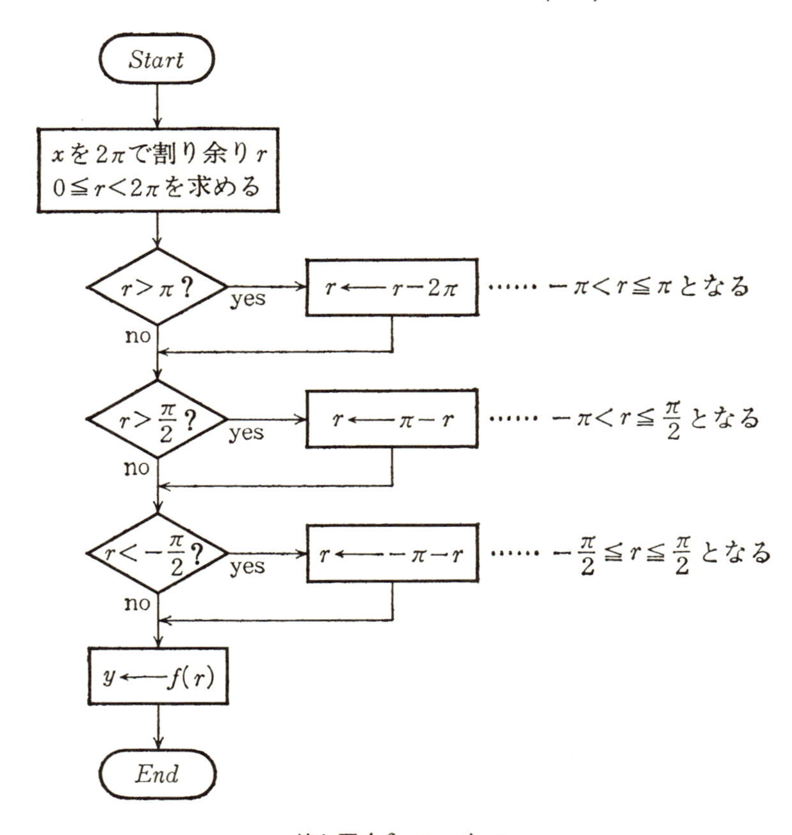

流れ図 4.6 $y\leftarrow\sin x$

このグラフを図4.6と重ねてみると，$\sin x$とぴったり一致する．何故ならば $-\dfrac{\pi}{2} \leqq x \leqq \dfrac{\pi}{2}$ の範囲では $|\sin x - f(x)|$ は 1.3×10^{-11} より小さいことがわかっている．よってグラフに描けば 1.3×10^{-11} の差などは見分けることができない．さて，仮想計算機は精度9桁の値しか表わすことができない．他方 $\sin x$ と $f(x)$ の値は10桁は一致している．よって $\sin x$ の代りに $f(x)$ を用いても十分である．また $f(x)$ は多項式であるから四則算法だけを用いて計算することができる．つまり $\sin x$ は四則算法だけで近似値が求まるわけである．まとめると前頁の流れ図4.6のようにして $\sin x$ は計算される．

次に $\cos x$ は

$$\cos x = \sin\left(\frac{\pi}{2} - x\right)$$

として計算される．$\tan x$ は

$$\tan x = \frac{\sin x}{\cos x}$$

として計算される．つまり三角関数は四則算法だけで近似計算できるわけである．

§6　指数関数と対数関数

三角関数と同じように指数関数や対数関数も多項式を用いて計算できる．まず e^x $(e=2.718281828\cdots)$ の計算を考えよう．

$$e^{x+1} = e \cdot e^x$$

であるので，e の値を記憶しておけば $-1 \leqq x \leqq 0$ と思ってよい．$-1 \leqq x \leqq 0$ の範囲で e^x をなるべく正確に，しかも次数の低い多項式を求めると次の式が見つかる．

$$f(x) = 1.00000000055 + 1.00000000027x$$
$$+ 0.49999997255x^2 + 0.16666666119x^3$$

$$+0.04166688603x^4+0.00833336399x^5$$
$$+0.00138827594x^6+0.00019834275x^7$$
$$+0.00002549920x^8+0.00000282541x^9.$$

どのようにしてこのような多項式を見つけるか，という方法は略すことにしよう．ともかくこの式を使えば $-1\leqq x\leqq 0$ のとき $|e^x-f(x)|$ は 5×10^{-10} より小さいことがわかっている．よって e^x の代りに $f(x)$ を使っても，精度9桁の近似計算には十分である．まとめると $y=e^x$ を計算する流れ図は次のようになる．

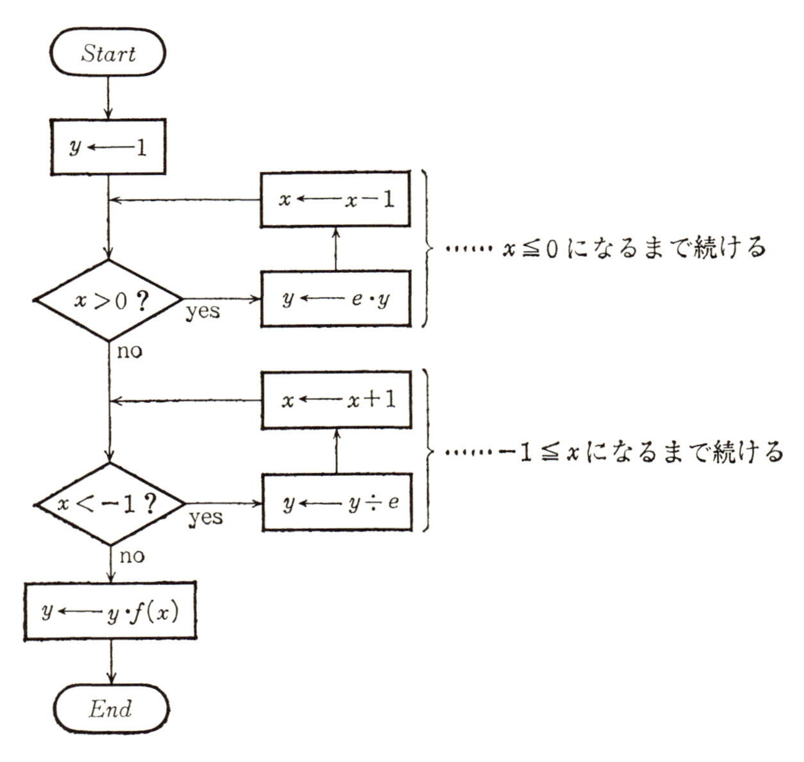

流れ図 4.7 $y\leftarrow e^x$

次に $\log x$ をいかに計算するか考えよう．この $\log x$ は自然対数で，底は $e=2.718281828\cdots$ である．$\log x$ の場合も x の範囲をせばめて，狭い範囲で $\log x$ を近似する多項式を見つけよう．狭い範囲にする理由はまず第一に，すべての正の数 x で $\log x$ を近似する多項式は存在しないからである．第二の理由として，狭い範囲だと，次数の低い多項式で近似できるからである．

さて，$1\leqq x\leqq 2$ のとき

$$\begin{aligned}f(x) = {} & 0.000000000110+0.999999965498\times(x-1)\\&-0.499998253798\times(x-1)^2+0.333298505964\times(x-1)^3\\&-0.249637242865\times(x-1)^4+0.197733101560\times(x-1)^5\\&-0.157448895413\times(x-1)^6+0.117129115618\times(x-1)^7\\&-0.073640371914\times(x-1)^8+0.034697493756\times(x-1)^9\\&-0.010468229569\times(x-1)^{10}+0.001481991722\times(x-1)^{11}\end{aligned}$$

とおくと $|\log x-f(x)|$ は 1.1×10^{-10} より小さいことがわかっている．よって $1\leqq x\leqq 2$ の範囲では $\log x$ の代りに $f(x)$ を使って近似計算すればよい．$0<x<1$ または $2<x$ のときは

$$\begin{aligned}\log\sqrt{e}\cdot x &= \log\sqrt{e}+\log x\\&=\frac{1}{2}+\log x\end{aligned}$$

$$\sqrt{e} = 1.6487212707\cdots$$

を使えばよい．つまり $y=\log x$ を求める流れ図は次頁のようになる．$\sqrt{e}<2$ であるから $2<x$ のとき $\sqrt{e}$ で割っても $1<2/\sqrt{e}<x/\sqrt{e}$ である．よって $\sqrt{e}$ で何回も割れば必ず $1<x\leqq 2$ の範囲に入ってくる．同様に $x<1$ のとき $\sqrt{e}$ を何回も掛ければ必ず $1\leqq x<2$ の範囲に入ってくるわけである．

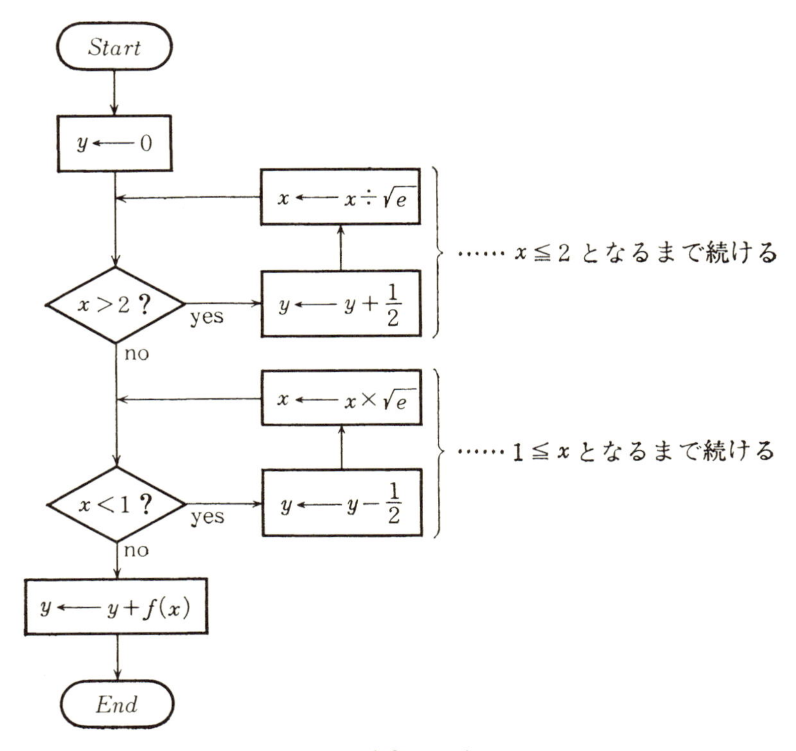

流れ図 4.8　$y \leftarrow \log x$

§7　面積の求め方

ある図形の面積を求めたいことがある．図 4.7 のような曲線 $y=f(x)$ と x 軸との間の面積 S を求めるにはどうしたらよいだろうか．そのために a と b との間を n 等分して図 4.8 のように S を n 個の細長い図形に分ける．その幅は $h=(b-a)\div n$ である．

$$x_0 = a,\ x_1 = a+h,\ \cdots\cdots,\ x_{n-1} = a+(n-1)h,\ x_n = b$$

とおき，$y_i=f(x_i)$ とおく．S を求めるには図 4.9 のように内側より見積もる方法と，図 4.10 のように外側より見積もる方法がある．

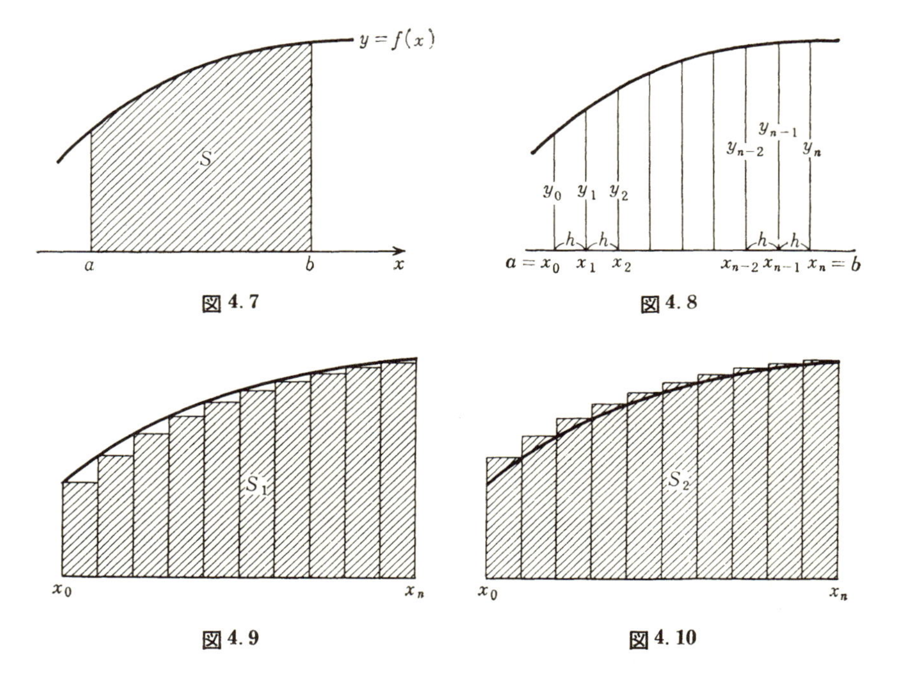

図 4.7

図 4.8

図 4.9

図 4.10

それぞれの面積を S_1, S_2 とおけば $S_1 < S < S_2$ となり

$$S_1 = hy_0 + hy_1 + \cdots + hy_{n-1}$$

$$S_2 = hy_1 + hy_2 + \cdots + hy_n$$

であるから，S としては S_1 と S_2 の平均値で近似値が得られる．S_1 も S_2 も S の近似値であるが，一般的には平均値の方が良い近似値になり，しかも計算量は同じである．つまり

$$S \fallingdotseq \frac{S_1 + S_2}{2}$$

$$= h\left(\frac{y_0 + y_n}{2} + y_1 + y_2 + \cdots + y_{n-1}\right)$$

となる．この公式を**台形公式**という．

たとえば図 4.11 のように

$$y = \sin x, \qquad 0 \leqq x \leqq \frac{\pi}{2}$$

のときの面積 S を求めてみよう．

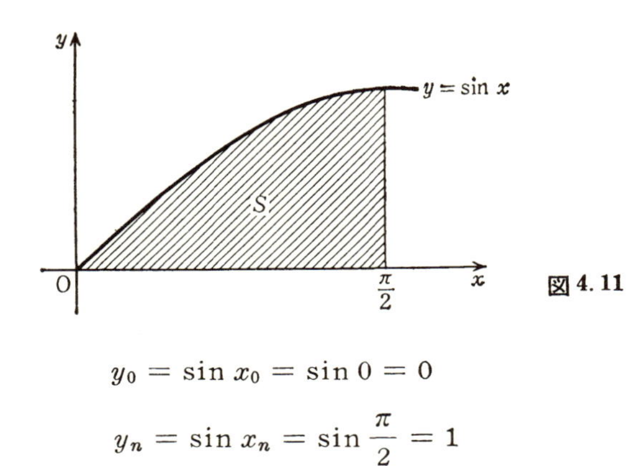

図 4.11

$$y_0 = \sin x_0 = \sin 0 = 0$$

$$y_n = \sin x_n = \sin \frac{\pi}{2} = 1$$

であるので，$n=10$ のときの計算は流れ図 4.9，プログラム 4.9 のようになる．最初に $(y_0+y_{10})/2$ を計算し，次々に $y_1, y_2, \cdots, y_9$ を加え，最後に h を掛けたわけである．

実際に計算を実行すると

$$0.997942986 \qquad (n=10)$$

という値が得られた．$n=100$，$n=1000$ のときも実行してみると

$$0.999979439 \qquad (n=100)$$

$$0.999999791 \qquad (n=1000)$$

となった．理論的には真の値は $S=1$ であるから，n を大きくすればするほどよい近似値が得られるわけである．

n が偶数のとき，台形公式よりもよい近似式として

$$S = \frac{h}{3}\{(y_0+4y_1+y_2)+(y_2+4y_3+y_4)+\cdots\cdots+(y_{n-2}+4y_{n-1}+y_n)\}$$

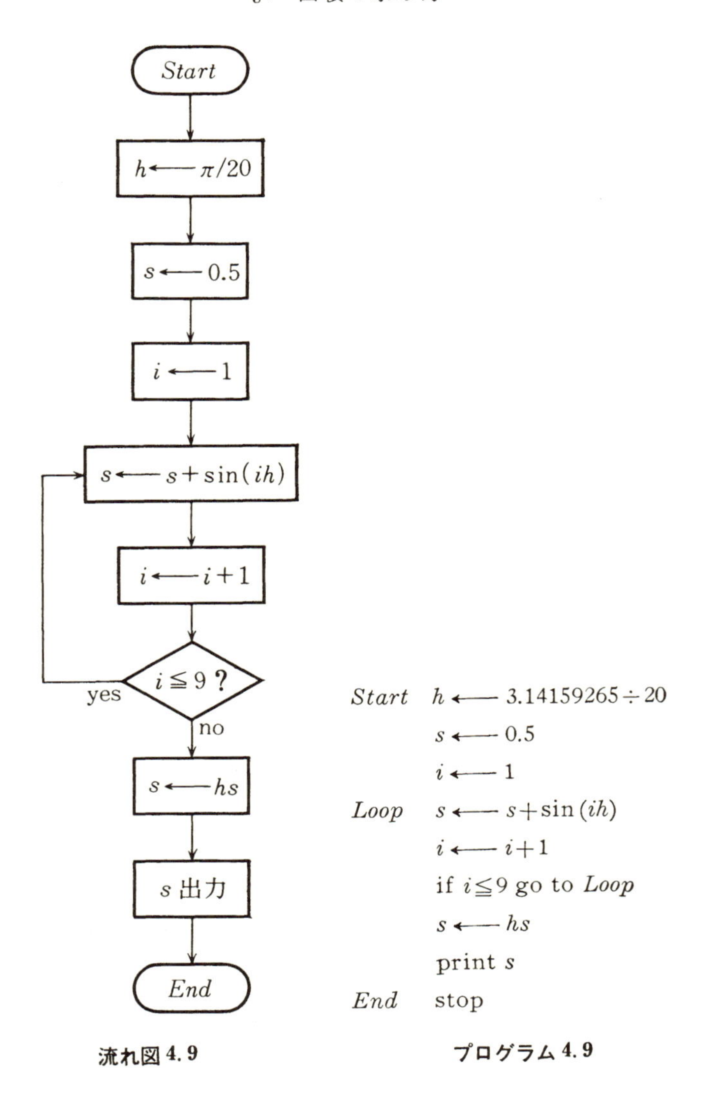


```
Start   h ←— 3.14159265÷20
        s ←— 0.5
        i ←— 1
Loop    s ←— s+sin(ih)
        i ←— i+1
        if i≦9 go to Loop
        s ←— hs
        print s
End     stop
```

流れ図 4.9　　**プログラム 4.9**

という**シンプソンの公式**がある．この公式を使い，$n=10$ のとき，

$$S \fallingdotseq 1.00000339 \qquad (n=10)$$

という値が得られた．プログラムは

```
Start   h ←── 3.14159265÷20
        s ←── 0
        i ←── 0
Loop    s ←── s+sin(ih)+4 sin((i+1)h)+sin((i+2)h)
        i ←── i+2
        if i≦8 go to Loop
        s ←── sh÷3
        print s
End     stop
```

プログラム 4.10

である．初めに $(y_0+4y_1+y_2)$ を計算し，次々に $(y_2+4y_3+y_4)$，…，$(y_8+4y_9+y_{10})$ を加え，最後に $h/3$ を掛けるプログラムである．

練習問題

1. $\sqrt[3]{2}$ を2分法およびニュートン法で求めるプログラムを作れ(§1，§2)．

2. $x^3-x-1=0$ の根を2分法およびニュートン法で求めるプログラムを作れ(§1，§2)．

3. 平面上の2点 $P(a,b)$，$Q(c,d)$ の距離を求めるプログラムを作れ(§3)．

4. 半径1の円の面積 S を求めるために内接正 $2n$ 角形の面積 S_n を求め，n を2倍，2倍してゆき，S を求めるプログラムを作れ(§4)．

5. a^x，$\log_a x$ はどのように計算したらよいか．e^x，$\log x$ を使って求める方法を考えよ(§6)．

6. 半径1の円の面積をシンプソンの公式を使って求めるプログラムを作れ(§7)．

第5章
多量のデータの扱い方

§1 添字付きデータ

今ここに**添字**のついた100個のデータ

(1) $$a_1,\ a_2,\ a_3,\ \cdots,\ a_{100}$$

があったとする．これらの合計とか，平均とか，偏差値などを計算したいことがよくある．そのためには，これらのデータを記憶する場所が必要である．仮想計算機では $a, b, c, \cdots, z$ と名づけられた26個の箱しかないとしたが，ここで改めて記憶装置は

$$a_0,\ a_1,\ a_2,\ \cdots,\ a_{100},\ b_0,\ b_1,\ \cdots,\ z_0,\ z_1,\ \cdots,\ z_{100}$$

と名付けられた2626個の箱があることにしよう．a と a_0 は同じ箱であり，a_i は a より i 個先にある箱と思ってほしい．

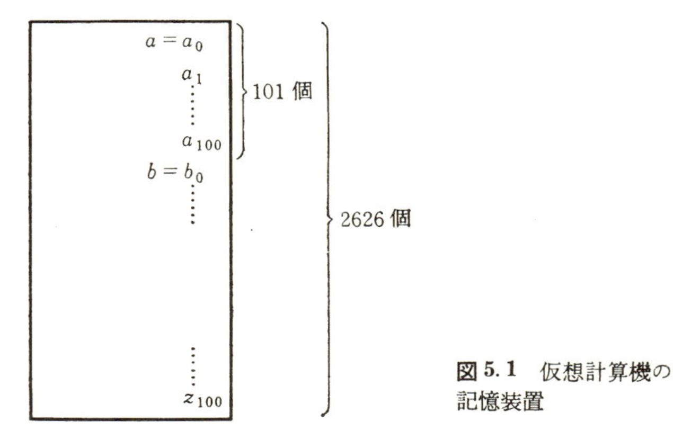

図5.1 仮想計算機の記憶装置

さて100個のデータ(1)の合計 s を求めるにはどうしたらよいだろうか．a_1 に a_2 を加え，次に a_3 を加え，… と続けてゆき，a_{100} まで加えればよいが，流れ図もプログラムも長くなってしまう．100行書かねばならない．

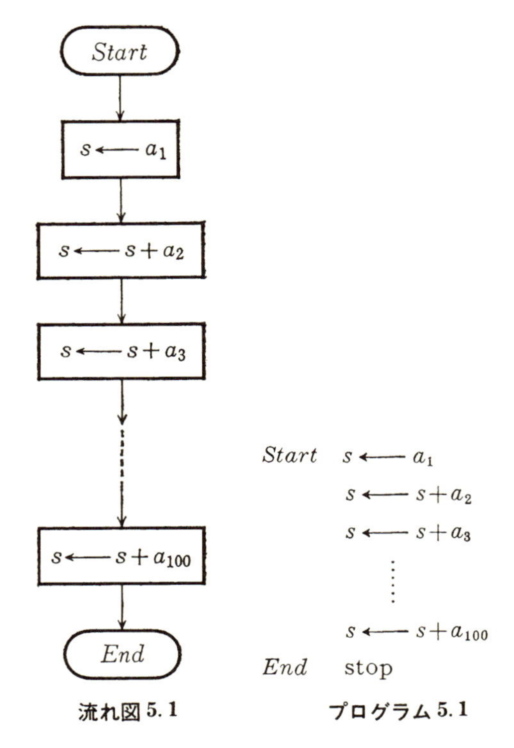

流れ図 5.1　　**プログラム 5.1**

ところが計算機では a_i の添字 i を変数として扱うことができる．i を1より100まで変化させることが可能なのである．たとえば $s \leftarrow a_1+a_2+\cdots+a_{100}$ の流れ図は5.2のようになる．

プログラム5.2において，最初 $i=2$ であったから *Loop* の行では $s \leftarrow s+a_2$ が実行される．よって $s=a_1+a_2$ となる．次に i の値は1つ増えて3となり，2回目に *Loop* の行を実行するときは $s \leftarrow s+a_3$

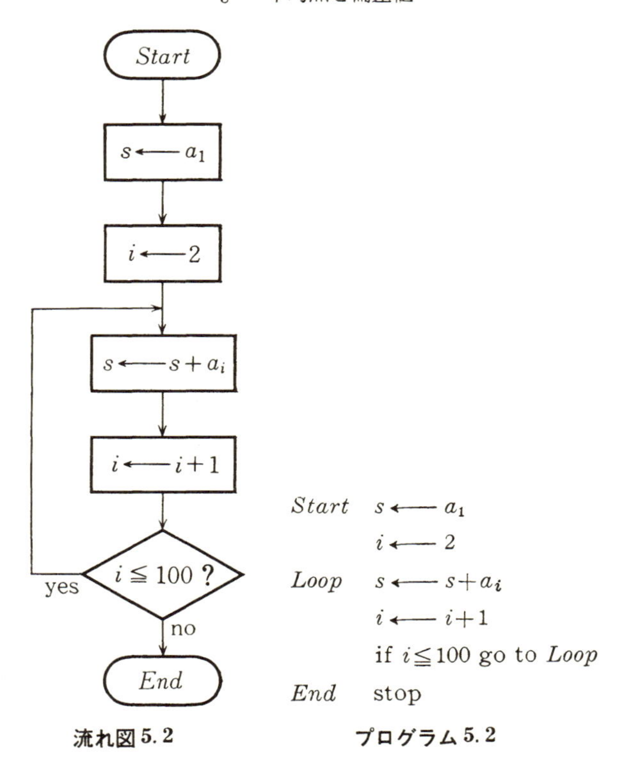

流れ図 5.2　　**プログラム 5.2**

となる．よって $s=a_1+a_2+a_3$ となる．このように続けてゆけば $i=101$ となったとき *End* の行に進み $s=a_1+a_2+\cdots+a_{100}$ となる．

§2　平均点と偏差値

ある n 人の試験の結果，得点が

$$a_1,\ a_2,\ \cdots,\ a_n$$

だったとする．このとき**平均点** μ は

$$\mu=(a_1+a_2+\cdots+a_n)/n$$

と計算できる．平均点が同じでも，得点のばらつき具合はいろいろである．

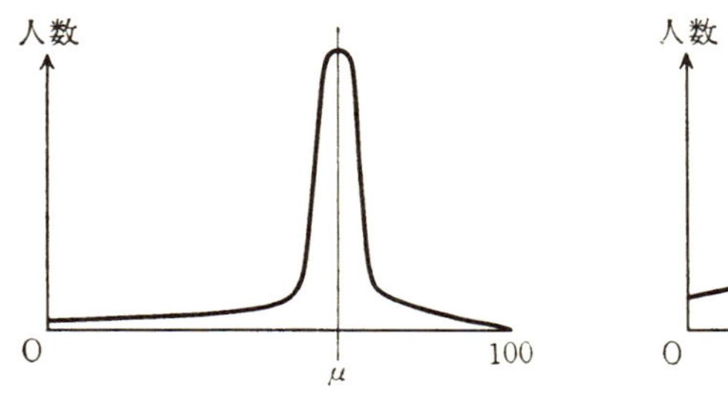

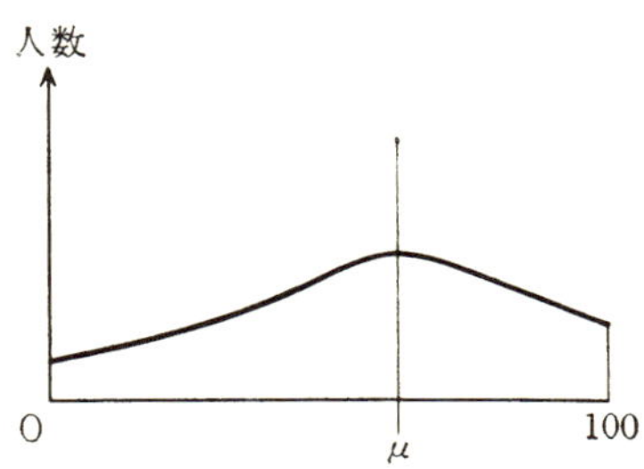

図 5.2

図 5.2 のように，平均点のまわりに集中しているときと，そうでないときなどがある．これらを区別するために平均点よりどのぐらいはなれているか，を計る方法がある．もし平均点のまわりに得点が集中していれば

$$(a_1-\mu)^2+(a_2-\mu)^2+\cdots+(a_n-\mu)^2$$

の値は小さいし，ばらばらならばこの値は大きくなる．この値を人数で割り，平方根を取った値を**標準偏差**といい，記号で σ と書く．つまり

$$\sigma=\sqrt{\frac{(a_1-\mu)^2+(a_2-\mu)^2+\cdots+(a_n-\mu)^2}{n}}$$

である．平均点 μ と標準偏差 σ がわかっていれば，ある点がどのぐらいの位置にあるかだいたいわかる．

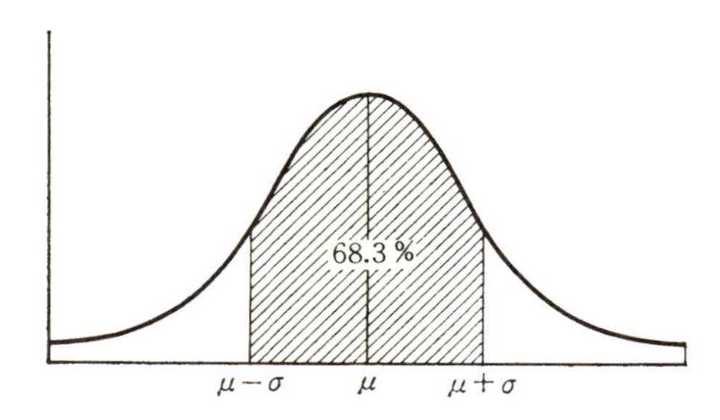

図 5.3

理論上 $\mu-\sigma$ と $\mu+\sigma$ の間には全体の 68.3% が入るので $\mu+\sigma$ の得点の人は(100－68.3)÷2＝15.8 より 100 人中 16 番目ぐらいなのだなとわかる.

さて σ の計算であるが

$$
\begin{aligned}
n\sigma^2 &= (a_1-\mu)^2+(a_2-\mu)^2+\cdots+(a_n-\mu)^2 \\
&= a_1{}^2-2a_1\mu+\mu^2+\cdots+a_n{}^2-2a_n\mu+\mu^2 \\
&= (a_1{}^2+\cdots+a_n{}^2)-2\mu(a_1+\cdots+a_n)+n\mu^2
\end{aligned}
$$

$a_1+a_2+\cdots+a_n=n\mu$ であるから

$$
\begin{aligned}
n\sigma^2 &= (a_1{}^2+\cdots+a_n{}^2)-2\mu\cdot n\mu+n\mu^2 \\
&= (a_1{}^2+\cdots+a_n{}^2)-n\mu^2 \\
\therefore\quad \sigma^2 &= (a_1{}^2+\cdots+a_n{}^2)/n-\mu^2
\end{aligned}
$$

となる. すなわち 2 乗の平均から平均の 2 乗を引けば σ^2 が得られる.

以上より μ と σ の計算は次の頁のようにできる. プログラム 5.3 では μ の代りに m を, σ の代りに s を用いた.

さて最近, **偏差値**という言葉をよく耳にする. この値はたとえば平均点が 50 点, 標準偏差が 10 点になるように修正した値で, a_i の偏差値 $a_i{}'$ は

$$
a_i{}' = \frac{a_i-\mu}{\sigma}\times 10+50
$$

としたものである. このようにすれば $a_i{}'$ の平均点は 50 点となり, 標準偏差は 10 点となる. よって $a_i{}'=60$ ならば 100 人中 16 番目ぐらいに位置することがわかる.

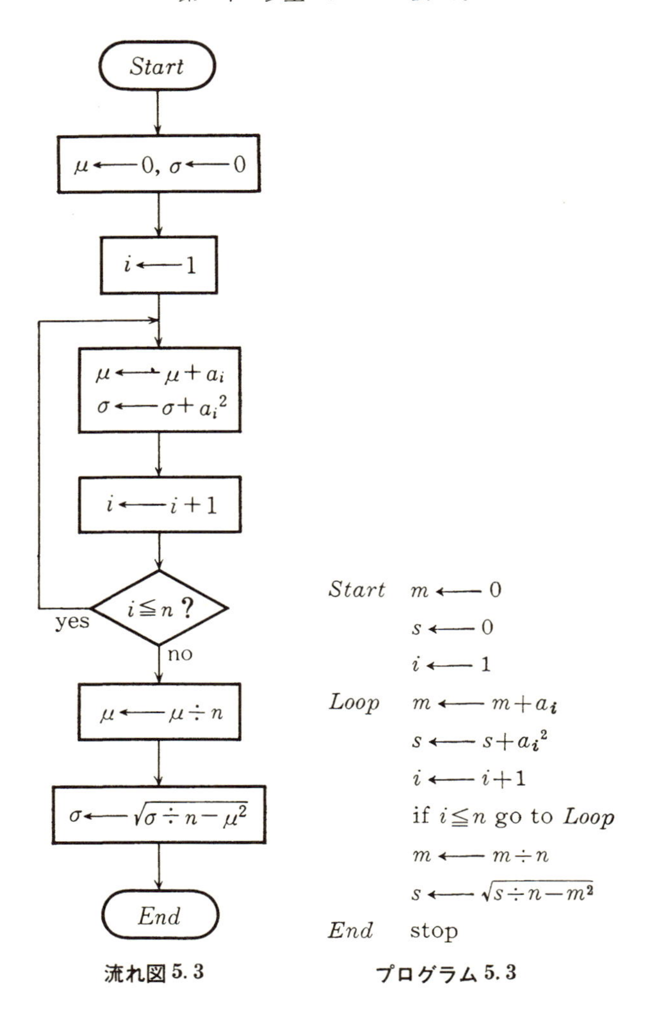

流れ図 5.3　　**プログラム 5.3**

§3　並べかえと混ぜあわせ

n 個のデータ

$$a_1,\ a_2,\ \cdots,\ a_n$$

があったとする．このデータを大きさの順に並べかえたい．どうしたらよいだろうか．まずはじめに a_1 と a_2 を比べ，大きい方を a_1 へ，小さい方を a_2 へ入れる．次に a_1 と a_3 を比べ大きい方を a_1 へ，小さい方を a_3 へ入れる．このようにすれば $a_1 \geqq a_3$ はもちろん成り立つが，$a_1 \geqq a_2$ ともなっている．なぜならば a_1 と a_3 を入れ替える前は $a_1 \geqq a_2$ であったから，もし a_1 と a_3 を入れ替えたとしても a_1 の値がより大きくなるからである．同様に a_1 と a_4 を比べ大きい方を a_1 へ，小さい方を a_4 へ入れれば a_1, a_2, a_3, a_4 のうち a_1 が最も大きくなる．この操作を続けてゆけば，$a_1, a_2, \cdots, a_n$ の中で a_1 が最も大きくなる．

以上をまとめると流れ図 5.4 のようになる．

しかしこれだけでは $a_1, a_2, \cdots, a_n$ のうち一番大きい値が a_1 になったに過ぎない．2番目に大きな値を $a_2, \cdots, a_n$ の中より選び，つまり $a_2, \cdots, a_n$ の中で一番大きな値を選び，その値を a_2 に入れなければならない．この操作が終ったときさらに $a_3, a_4, \cdots, a_n$ の中で一番大きい値を選び，それを a_3 に入れなければならない．この操作を最後まで続ければ $a_1, a_2, \cdots, a_n$ は大きい順に並ぶ．たとえば $a_1=2$, $a_2=4$, $a_3=6$, $a_4=5$ のとき，次のように変化する．

$$2, 4, 6, 5 \longrightarrow 4, 2, 6, 5 \longrightarrow 6, 2, 4, 5 \longrightarrow 6, 2, 4, 5$$

$$\longrightarrow 6, 4, 2, 5 \longrightarrow 6, 5, 2, 4 \longrightarrow 6, 5, 4, 2$$

まとめると流れ図 5.5 のように少し複雑になる．

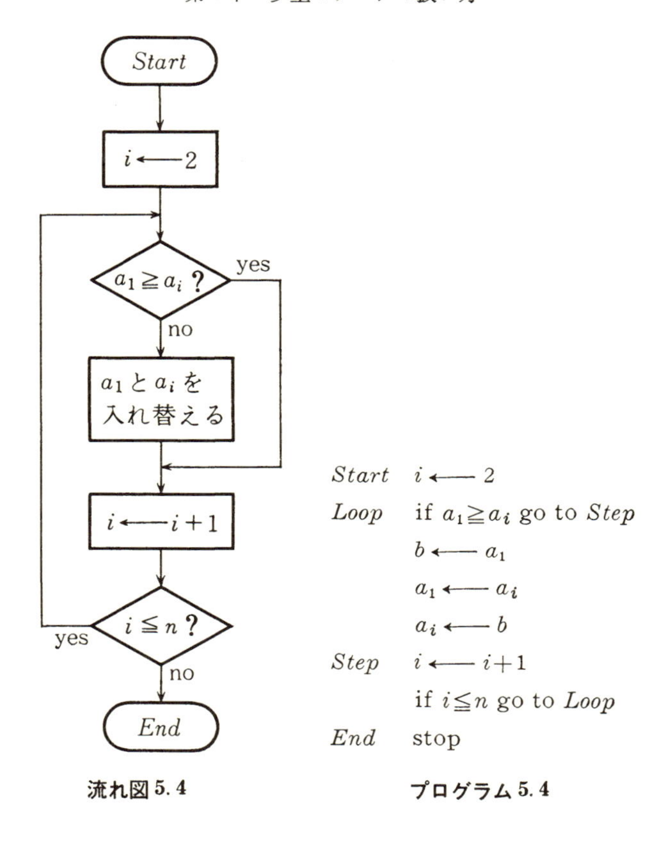

Start	$i \longleftarrow 2$
Loop	if $a_1 \geqq a_i$ go to *Step*
	$b \longleftarrow a_1$
	$a_1 \longleftarrow a_i$
	$a_i \longleftarrow b$
Step	$i \longleftarrow i+1$
	if $i \leqq n$ go to *Loop*
End	stop

流れ図 5.4　　　　**プログラム 5.4**

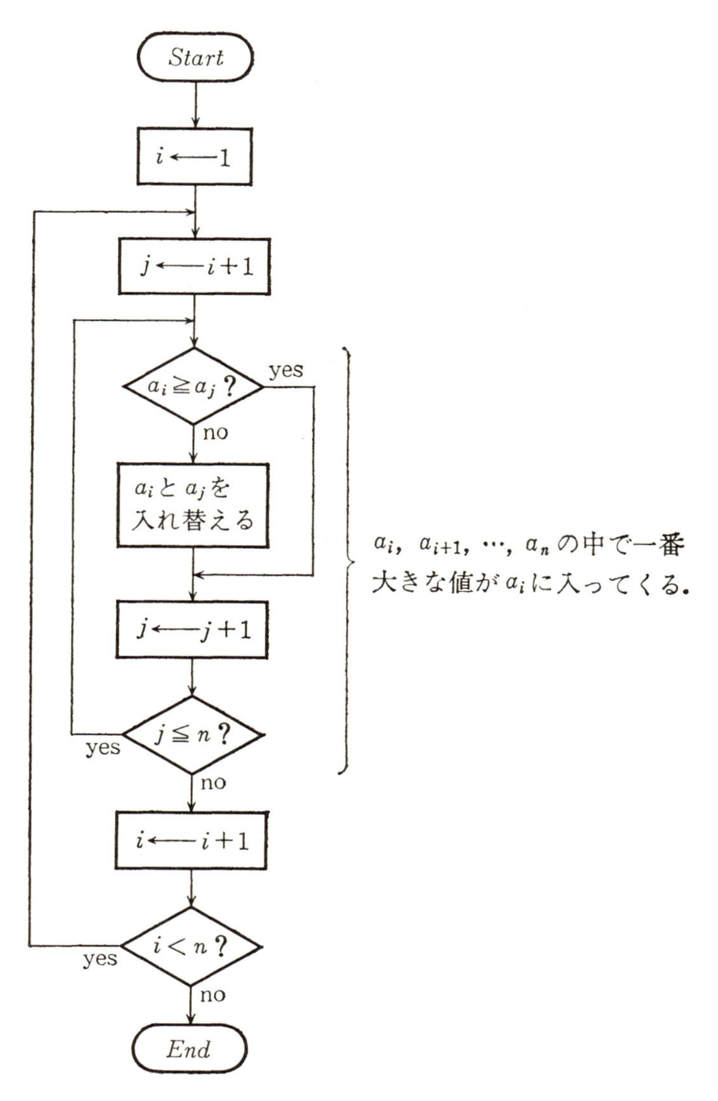
Start
$i \longleftarrow 1$
$j \longleftarrow i+1$
$a_i \geqq a_j$?
yes
no
a_i と a_j を
入れ替える
a_i, a_{i+1}, …, a_n の中で一番
大きな値が a_i に入ってくる.
$j \longleftarrow j+1$
$j \leqq n$?
yes
no
$i \longleftarrow i+1$
$i < n$?
yes
no
End

流れ図 5.5

```
Start    i ← 1
Loop 2   j ← i+1
Loop 1   if a_i ≧ a_j go to Step
         b ← a_i
         a_i ← a_j
         a_j ← b
Step     j ← j+1
         if j ≦ n go to Loop 1
         i ← i+1
         if i < n go to Loop 2
End      stop
```

プログラム 5.5

次に $a_1, a_2, \cdots, a_n$ と $b_1, b_2, \cdots, b_m$ が

(2)　$$a_1 \geqq a_2 \geqq \cdots \geqq a_n$$

(3)　$$b_1 \geqq b_2 \geqq \cdots \geqq b_m$$

となっているとき，両方を混ぜあわせて大きさの順に

(4)　$$c_1 \geqq c_2 \geqq \cdots \geqq c_{n+m}$$

としたい．どうしたらよいだろうか．(2), (3)の中で一番大きな値は a_1 と b_1 のうちで大きい方の値である．もし $a_1 \geqq b_1$ のとき，次に大きい値は a_2 と b_1 を比べて大きい方である．以下同じように a_i の列の残りの中で一番大きな数と b_j の列の残りの一番大きな数を比較してゆけば，(2)と(3)を混ぜあわせて(4)の列を作ることができる．たとえば

15,　9,　7,　3,　1

12,　11,　8,　5

のとき 15 と 12 を比べて $c_1=15$ とする．次に 9 と 12 を比べて $c_2=12$ とする．次に 9 と 11 を比べて $c_3=11$ とする．次に 9 と 8 を比べて $c_4=9$ とする．次に 7 と 8 を比べて $c_5=8$ とする．次に 7 と 5 を

比べて $c_6=7$ とする．次に 3 と 5 を比べて $c_7=5$ とする．片方の列は終ったので $c_8=3$, $c_9=1$ とする．

これらの動作をまとめると流れ図 5.6 のようになる．

流れ図さえできればプログラムはやさしい．

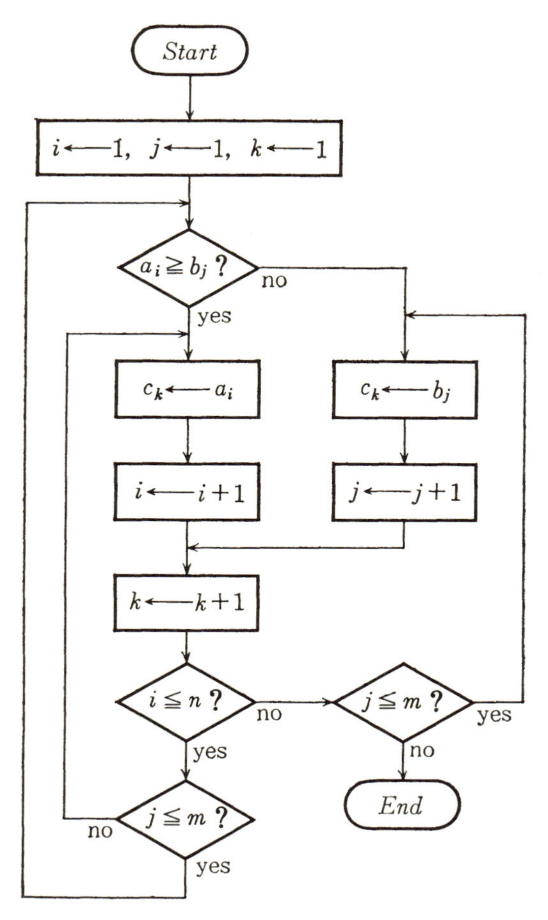

流れ図 5.6

```
Start    i ← 1
         j ← 1
         k ← 1
Loop 3   if a_i < b_j go to Loop 1
Loop 2   c_k ← a_i
         i ← i+1
         go to Step
Loop 1   c_k ← b_j
         j ← j+1
Step     k ← k+1
         if i > n go to Test j
         if j > m go to Loop 2
         go to Loop 3
Test j   if j ≦ m go to Loop 1
End      stop
```

プログラム 5.6

§4　素数作成

小さい素数の順に素数を100個作ってみよう．$p_1=2$, $p_2=3$, $p_3=5$, $p_4=7$, … と作ってゆくわけだが，ある数 a より小さい素数がすべて作られているとき，a が素数か否か判定しよう．ある数 a が素数か否かは小さい素数の順に割ってゆけばわかる．もし a が合成数ならば，a の1以外の約数のなかで最小の数 d は素数である．なぜならば d が合成数ならば $d=d_1d_2$, $1<d_1<d$ となる d_1, d_2 がある．d_1 は d の約数で d は a の約数だから d_1 は a の約数となり，しかも d より小さい．これは d が最小の約数であることと矛盾するから，d は素数である．さて，d を a の最小の約数とすれば $a=dq$, $d\leqq q$ となる．よって $d^2\leqq dq=a$ であるから $d\leqq\sqrt{a}$ となる．つまりもし a

が合成数ならば $\sqrt{a}$ 以下の素数で割れるはずである．a を小さい素数 $p_1, p_2, \cdots$ の順に素数 p_i で割ってゆき，いつも割り切れなかったとする．商はだんだん小さくなるのでやがて $a=p_i \cdot q+r$，$0<r<p_i$，$q \leqq p_i$ となる．このとき $a=$素数 と判定してよい．なぜならば

$$(p_i+1)^2 = p_i^2+2p_i+1 > p_iq+r = a$$

であるから $\sqrt{a}$ 以下の素数は p_i 以下であり，a はそれらで割れなかったからである．$p_1=2$，$p_2=3$ とすると 2, 3 以外の素数は 5 以上の奇数である．よって次の頁の流れ図 5.7 が考えられる．この流れ図は $p_1, p_2, \cdots, p_j$ まで素数が得られたとき，p_j+2 以上の奇数の中から次の素数を見つけようとするものである．

流れ図の説明をすると，最初 $p_1=2$，$p_2=3$ のみ用意しておく．よって $j=2$ である．a としては $p_j+2=3+2=5$ より出発する．奇数は $p_1=2$ では割れないから $i=2$ より出発して 5 を $p_2=3$ で割ってみる．$5=3 \cdot 1+2$，$3>1$ であるから 5 は素数であり，よって j の値を 1 つ増し，$p_j=p_3$ に $a=5$ をしまう．aの値を 2 つ増し，7 とする．$i=2$ として $p_i=3$ で割ってみると $7=3 \cdot 2+1$ より 7 は素数である．よって j の値を 1 つ増し，$p_j=p_4$ に $a=7$ をしまう．a の値を 2 つ増し，$a=9$ を $p_2=3$ で割ると割り切れる．a の値を 2 つ増し，$a=11$ を $p_2=3$ で割ると $11=3 \cdot 3+2$ となる．よって 11 は素数である．よって j の値を 1 つ増し，$p_j=p_5$ に $a=11$ をしまう．a の値を 2 つ増し，$i=2$ として $a=13$ を $p_i=p_2=3$ で割ると $13=3 \cdot 4+1$ となる．次に i の値を 1 つ増し，a を $p_i=p_3=5$ で割ると $13=5 \cdot 2+3$ となり，13 は素数とわかる．以下同様に $j=100$ まで続けてゆく．

ところでもし p_j の次の素数 p が $p \geqq p_j(p_j+1)+1$ ならば $a=p$ となったとき a を $p_i(2 \leqq i \leqq j)$ で割っても割り切れず商も p_i より大きい．よってこの流れ図ではやがて $i=j+1$ となる．すると a をまだ作られていない p_{j+1} で割ることになり，おかしなことになる．p_j

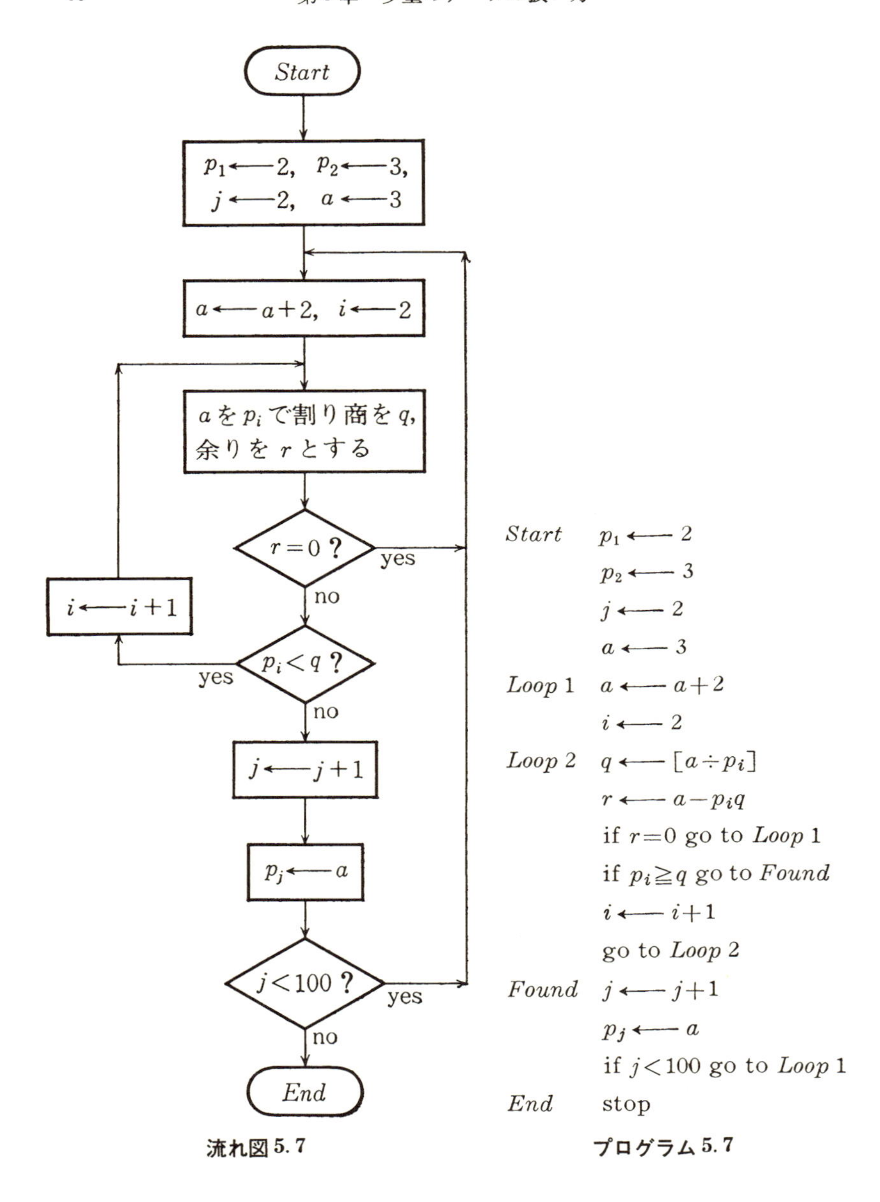

流れ図 5.7　　　　プログラム 5.7

の次の素数が $p_j(p_j+1)+1$ 以上であることは特に p_j と $2p_j$ の間には素数がないことを意味する．ところが p_j の次の素数は $2p_j$ より小さいことが証明されている(チェビシェフの定理)．よって安心してこの流れ図が使えるわけである．

練習問題

1. $s \leftarrow a_1{}^2+a_2{}^2+\cdots+a_{100}{}^2$ のプログラムを作れ(§1)．

2. $s \leftarrow a_1b_1+a_2b_2+\cdots+a_{100}b_{100}$ のプログラムを作れ(§1)．

3. $s \leftarrow a_1-a_2+a_3-a_4+\cdots+a_{99}-a_{100}$ のプログラムを作れ(§1)．

4. $a_1, a_2, \cdots, a_{100}$ の2乗平均，つまり $\sqrt{(a_1{}^2+a_2{}^2+\cdots+a_{100}{}^2)/100}$ を求めるプログラムを作れ(§2)．

5. $a_1 \geqq a_2 \geqq \cdots \geqq a_n$，$b_1 \leqq b_2 \leqq \cdots \leqq b_m$ となっているとき，混ぜあわせて $c_1 \geqq c_2 \geqq \cdots \geqq c_{n+m}$ となるようなプログラムを作れ(§3)．

6. 100番目の素数は $p_{100}=541$ である．$p_1, p_2, \cdots, p_{100}$ まで作られてあるとき，$a<250000$ なる a を p_i を利用して素因子分解するプログラムを作れ(§4)．

7. n 桁の自然数 $a_na_{n-1}\cdots a_1$ と m 桁の自然数 $b_mb_{m-1}\cdots b_1$ $(n \geqq m)$ を加えて答 $c_lc_{l-1}\cdots c_1$ を得る流れ図を作れ．

第6章
乱　数

計算機はいつも数学的にはっきりした現象を扱っているわけだが，上手に扱えば不確実な現象を計算機に持ち込むことができる．たとえばサイコロを振ったとき，1の目がどのぐらいの割合で現われるか，というような完全に不確実な現象は，計算機の中に不確実らしき世界を作り出して実験することができる．この章では，規則的な計算を行なっている計算機がどのように不規則的な計算を行なうか，という原理を説明し，いろいろな実験を行なおうと思う．

§1　サイコロの目

サイコロを振ったとき，1から6までの目がどのように現われるかは完全に不規則である．完全に不規則であるがゆえに，たとえば1万回サイコロを振ったならば，6で割った$10000 \div 6 = 1666.66\cdots$回に近い回数だけ1が現われるであろう．サイコロを人間が1万回も振るのは大変だから，計算機にこの実験をやらせてみたい．このために計算機には不思議な関数$\mathrm{rnd}(x)$が用意されている．この関数は1回使用するたびに$0 \leqq \mathrm{rnd}(x) < 1$となる値をめちゃくちゃに与えてくれる．普通，関数というと，xを与えたとき値が定まるわけだが，この関数$\mathrm{rnd}(x)$はその逆で，xを与えても$\mathrm{rnd}(x)$という値は定まらず，xに無関係な，しかもこの関数を使うたびに異なった値となる．たとえば次のプログラム6.1を実行させてみた．結

```
Start    a ←── rnd(1)
         print a
         go to Start
```

プログラム 6.1

表 6.1

0.820743916
0.102322017
0.861700152
0.596652187
0.197911194
0.518989537
0.155764028
0.449969377
0.634096124
0.151563757
0.030850044
0.674086732
⋮

果は表 6.1 のようになった.

このようにどんどん新しい値となってくる. しかも規則性がない. めちゃくちゃな値であるがゆえに**乱数**(random number)という.

rnd(x)は使うたびに異なるめちゃくちゃな値であるが, $0 \leqq 6 \times \mathrm{rnd}(x) < 6$ であるから, この関数を使ったとき $0 \leqq 6 \times \mathrm{rnd}(x) < 1$ ならば 1 の目が出たと思うことにする. rnd(x) の値は x に無関係だから $x=1$ と定めておく. $0 \leqq 6 \times \mathrm{rnd}(1) < 1$ とは, ガウス記号を使えば $0 = [6 \times \mathrm{rnd}(1)]$ と書くことができる. $[6 \times \mathrm{rnd}(1)]$ は 0 より 5 までの整数であるから, サイコロを振る代りにこの関数を使うことにする. $1 + [6 \times \mathrm{rnd}(1)]$ は 1 より 6 までの自然数であるから, この関数を使い rnd(1) を使うごとに $1 + [6 \times \mathrm{rnd}(1)]$ の目が出たと思うことにして, 1 より 6 までの目がどのように現われるか, 次の頁のプログラム 6.2 で調べてみた.

この結果は次のようになった. 予想通りにどの目もほぼ同じ回数だけ現われた.

1675……1の目の出た回数
1751……2の目の出た回数
1668……3の目の出た回数
1571……4の目の出た回数
1680……5の目の出た回数
1655……6の目の出た回数

```
Start   j ←— 1                              ⎫
Loop    a_j ←— 0                            ⎬ a_1, a_2, …, a_6 を
        j ←— j+1                            ⎪ 0とする
        if j≦6 go to Loop                   ⎭
        i ←— 1
Next    j ←— 1+[6×rnd(1)]                   ⎫ j の目が出た
        a_j ←— a_j+1                        ⎭
        i ←— i+1                            ⎫ 1万回実行する
        if i≦10000 go to Next               ⎭
        j ←— 1                              ⎫
Print   print a_j                           ⎬ a_1, a_2, …, a_6 を
        j ←— j+1                            ⎪ 出力
        if j≦6 go to Print                  ⎭
End     stop
```

プログラム 6.2

§2　乱数発生法

乱数とは規則性のない数の列である．だとすると計算機が乱数を作り出すのは不可能のはずではなかろうか．計算機は四則算法を規則正しい順に行なっているのだから，どのように工夫しても乱数を作り出せないのではないか，という気がする．事実，計算機は乱数を作り出すことはできない．計算機に作り出せるものは乱数らしき

数の列，いわゆる**擬似乱数**列しか作れない．このことを説明しよう．

0と1の間の値をとる100個の乱数があった場合，常識的に考えて，これらの数は0と1の間に平均にちらばっているだろう．0と1の間のある部分に集まっているとしたら，その数の列にはくせがあり，乱数とは思えない．他の例をとると，サイコロを100回振ったとき，1の目が他の目より2倍以上多く現われたら，このサイコロはくせがあり，1から6までの数をめちゃくちゃに表わしているとは思えない．このように乱数の大切な資格として，平均して現われる，一様に現われる，という性質がある．よってある程度ばらばらに現われて，しかも全体として一様に現われるような数の列は，乱数らしき数の列として，乱数の代用品として使ってよいであろう．このような考えのもとで計算機は一様に現われる数の列を乱数として利用している．

では一様に現われる数の列をどのように作り出したらよいであろうか．ここでは一番よく使われている**混合型合同法**について説明しよう．

m を2の巾(べき)とする．a を4で割れば1余る数，b を奇数とする．たとえば $m=2^{20}=1048576$, $a=501$, $b=500001$ としよう．x_0 を $0 \leqq x_0 < m$ なる整数として x_0 より出発し，$x_1, x_2, \cdots$ を

$$x_{i+1} = ax_i+b \text{ を } m \text{ で割った余り}$$

と定めてゆこう．すると $x_0/m, x_1/m, x_2/m, \cdots$ なる数列は0と1の間に一様に現われることが証明される(証明は容易だが，長くなるので省略する)．もう少し正確にいえば，$x_m=x_0$ となり $x_0, x_1, x_2, \cdots, x_{m-1}$ なる m 個の値は等しいものがなく，$x_0, x_1, \cdots, x_{m-1}$ の中には0より $m-1$ までの数がすべて現われることが示される．よって次のようなサブルーチンを作れば，1回使用するたびに r には新しい乱数が入ることになる．

$$
\begin{aligned}
&Rnd \quad x \longleftarrow x \times 501 + 500001 \\
&\quad\quad\;\; x \longleftarrow x - 2^{20}[x/2^{20}] \\
&\quad\quad\;\; r \longleftarrow x/2^{20} \\
&\quad\quad\;\; \text{return}
\end{aligned}
$$

プログラム 6.3

このように計算機の中では乱数を作り出している.

§3　モンテカルロ法

1辺が1の正方形の1つの頂点を中心に半径1の1/4円を図6.1のように描いてみよう. この1/4円の面積は$\pi/4=0.785398163$である.

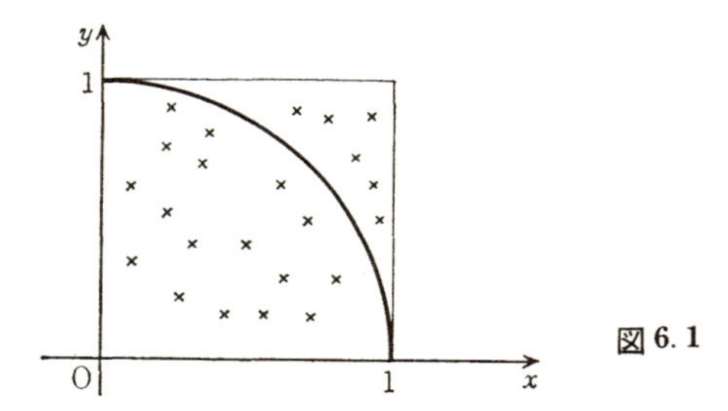

図6.1

よってこの正方形の中にめちゃくちゃに1万個の点を取れば, 約7854個の点が円内に入ってくるであろう. 逆にもしこの円の面積がわからないとき, 正方形の中にめちゃくちゃに点を取ることにより, 円の面積の近似値が得られるであろう. よって次のプログラム6.4を実行してみた.

$$
\begin{aligned}
&Start \quad s \longleftarrow 0 \\
&\quad\quad\quad\; i \longleftarrow 1 \\
&Next \quad\; x \longleftarrow \text{rnd}(1) \\
&\quad\quad\quad\; y \longleftarrow \text{rnd}(1) \\
&\quad\quad\quad\; \text{if } x^2+y^2 \geqq 1 \text{ go to } Step \\
&\quad\quad\quad\; s \longleftarrow s+1
\end{aligned}
$$

```
Step    i ← i+1
        if i≦10000 go to Next
        print s
End     stop
```

プログラム 6.4

このプログラムの説明だけれども，

$$x \longleftarrow \mathrm{rnd}(1)$$
$$y \longleftarrow \mathrm{rnd}(1)$$

とすれば，点(x, y)は正方形の中のめちゃくちゃな点と思ってよいであろう．この点が円の内部に入るのは$x^2+y^2<1$のときである．よって$x^2+y^2<1$のときはsの値を1つ増やすことにより，円内にいくつの点が入っているか数えることができる．結果は

$$s = 7783$$

となった．4倍すれば7783×4＝31132であるから円周率の近似値として3.1132が得られたことになる．あまりよい近似値ではないが，乱数を利用した面白い実験だと思う．

このように乱数を利用して面積などの値を求める方法を**モンテカルロ法**という．他の方法では計算が困難なとき，おおまかな値を得る方法として便利である．

§4 マッチ棒と確率

いま図6.2のように，広い平面上にマッチ棒の長さと等しい幅を持つ平行線が何本も引いてあったとしよう．床の上にこの平面が描かれているとして,. この平面上の上よりマッチ棒を落とすと，マッチ棒は平行線と交わることもあるし，交わらないこともある．1万回マッチ棒を投げたら，何回ぐらいマッチ棒は平行線と交わるだろうか．

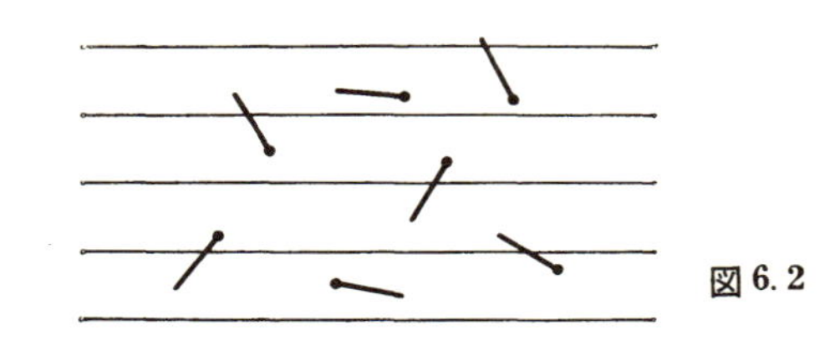
図 6.2

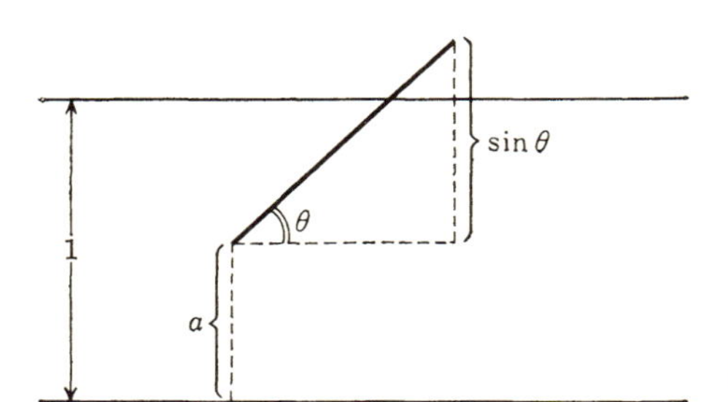

図 6.3

この問題を計算機で実験するために，マッチ棒がどのような状態になったら平行線と交わるか考えてみよう．まずマッチ棒の頭が上にあるか，下にあるかは関係ない．マッチ棒の長さを1とし，平行線の間隔を1としよう．図6.3のようにマッチ棒の下の端が平行線よりaだけ上にあり，方向は平行線とθの角度であったとしよう．このときマッチ棒が平行線と交わる条件は

(1) $$a+\sin\theta \geqq 1 \quad \text{または} \quad a=0$$

となることである．aは$0\leqq a<1$なる値であるが，めちゃめちゃにマッチ棒を投げたとき，aの値はめちゃめちゃな値を取る．同様にθは$0\leqq\theta<\pi$であるが，この間でθの値はめちゃめちゃな値を取る．よって乱数を利用し

$$a \longleftarrow \mathrm{rnd}(1), \qquad \theta \longleftarrow \pi\times\mathrm{rnd}(1)$$

として(1)なる条件が1万回中何回ぐらい満たされるか実験しよう．よって次のようなプログラム6.5を作った(このプログラムの4行

目に rnd(1) が 2 回現われるが，異なる値である)．i はマッチ棒を投げる回数である．

```
Start   p ←— 3.14159265
        s ←— 0
        i ←— 1
Next    b ←— rnd(1) + sin(p × rnd(1))
        if b<1 go to Step
        s ←— s+1
Step    i ←— i+1
        if i≦10000 go to Next
        print s
End     stop
```

プログラム 6.5

s はそのうち何回平行線と交わるか，という回数である．$a=0$ となることはほとんどないから，交わるか否かは $a+\sin\theta \geqq 1$ か否かで判定した．結果は

$$s = 6395$$

となった．

理論的には s はどのような値になるべきだろうか．図 6.3 を見直してみよう．θ は 0 と π の間に一様に現われるであろう．θ を固定したときマッチ棒が平行線と交わる条件は $a+\sin\theta \geqq 1$ つまり $1>a$

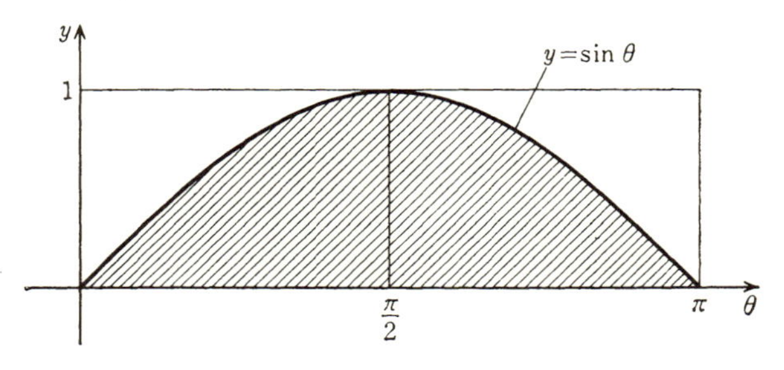

図 6.4

$\geqq 1-\sin\theta$ となることであり，この範囲に a が入る確率は $1-(1-\sin\theta)=\sin\theta$ である．よって θ をいろいろ動かしたとき，マッチ棒が平行線と交わる確率は図6.4において，長方形の面積 π に対しての斜線の部分の面積の比率であろう．斜線の部分の面積は，積分学を利用すると2となる．よって交わる確率は

$$2/\pi = 0.636619773$$

となる．よって1万回マッチ棒を投げれば6366回交わるだろう，というのが理論値である．実験値6395回とよく合う．

§5　よっぱらいはどこへ行く

ある広場に1人のよっぱらいがいた．1メートル進んでは立ち止まり，別の方向へまた1メートル進む．また立ち止まり別の方向へ1メートル進む．このようなことを100回繰り返したら，よっぱらいは出発点からどのぐらいはなれた所にいるだろうか．

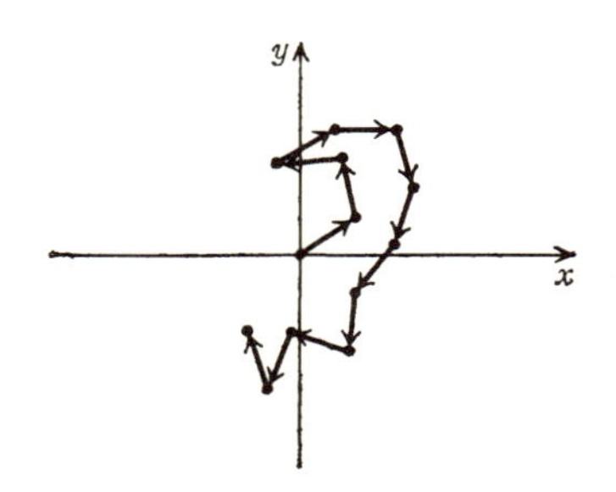

図6.5

広場を x-y 平面だと思い，出発点は原点とし，i 回目には x 方向へ x_i メートル，y 方向へは y_i メートル進むとする．1回には1メートル進むのだから

(1)　$$x_i^2+y_i^2=1$$

である．100回目によっぱらいのいる点の座標を (x, y) とすると

(2)　$$x = x_1+x_2+\cdots+x_{100}$$

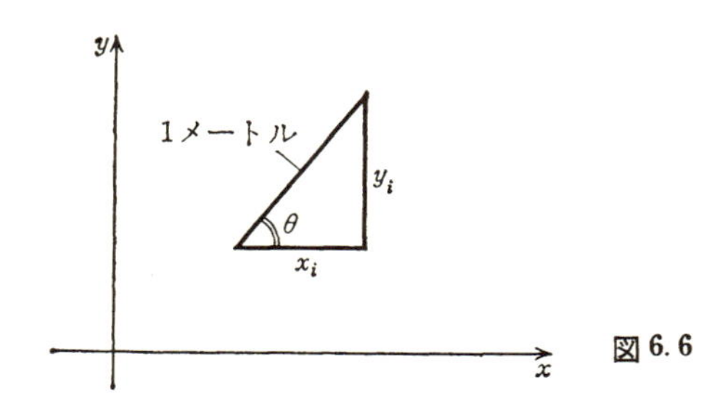

図 6.6

(3) $$y = y_1 + y_2 + \cdots + y_{100}$$

となる．i 回目に進む方向を x 軸と比べて図 6.6 のように角度が θ であったとすると

$$x_i = \cos\theta, \qquad y_i = \sin\theta$$

となる．θ は $0 \leqq \theta < 2\pi$ の間の値で，よっぱらいの進む方向はめちゃめちゃであるから，乱数を用いて $\theta = 2\pi \times \mathrm{rnd}(1)$ とすれば実験が行なえる．100 回目によっぱらいのいる点の原点からの距離の 2 乗は $x^2 + y^2$ であるからこの値を求めたい．1 人のよっぱらいでは気まぐれな値となるので，1000 人ぐらいよっぱらいを歩かせてみよう．実験は次のプログラム 6.6 で行なった．

```
Start     s ←── 0
          j ←── 1
Next j    x ←── 0                      ┐
          y ←── 0                      │
          i ←── 1                      │
Next i    t ←── 2×π×rnd(1)             │ 1人のよっぱらいが
          x ←── x+cos(t)               │ 100回曲がりながら
          y ←── y+sin(t)               │ 歩く
          i ←── i+1                    │
          if i≦100 go to Next i        ┘
          s ←── s+x²+y²
```

```
       j ←── j+1                  } 1000人のよっぱら
       if j≦1000 go to Next j     } いが歩く
       s ←── √(s÷1000)            } 平均を出力
       print s                    }
End    stop
```

プログラム 6.6

1人のよっぱらいは100回目に(x, y)にいる．このよっぱらいの原点からの距離lは$l=\sqrt{x^2+y^2}$である．1000人のよっぱらいに対してのlの値を$l_1, l_2, \cdots, l_{1000}$とすれば

(4) $$\sqrt{(l_1{}^2+l_2{}^2+\cdots+l_{1000}{}^2)/1000}$$

という値が最後に出力される．実験の結果は

$$s = 10.1160707$$

となった．正常な人がまっすぐ歩いたら100メートル進むはずだから，よっぱらいはその平方根しか進まないことがわかった．この結果は次のように理論的に説明することもできる．

終点におけるx座標xの平方は(2)より

(5) $$x^2 = (x_1+x_2+\cdots+x_{100})^2$$

$$= \sum_{i=1}^{100} x_i{}^2 + \sum_{i \neq j} x_i x_j$$

となる．多くのよっぱらいに対してのこの値の平均を計算してみよう．数えられないくらい多くのよっぱらいがいて，気ままな方向に歩いているとき，i番目にx_iだけ進むよっぱらいも数えられないくらい多くいる．これらの人も気ままな方向に歩いているのだからj番目にはx_jだけ進む人もいれば，$-x_j$だけ進む人もいる．よって加え合わせれば打ち消し合って(5)の2番目の項は0となり，平均すると$x^2=\sum x_i{}^2$となる．yについても同様であるから

$$x^2+y^2 = \sum_{i=1}^{100} x_i{}^2 + \sum_{i=1}^{100} y_i{}^2$$

$$= \sum_{i=1}^{100} (x_i^2 + y_i^2)$$

$x_i^2 + y_i^2 = 1$ であるから

$$x^2 + y^2 = \sum_{i=1}^{100} 1 = 100$$

となる．よって平方根を取れば(4)の値の理論値として 10 が得られ，実験値とよく合う．

ところでよっぱらいが原点よりどの位はなれているか，ということは(4)ではなく

(6)　$$(l_1 + l_2 + \cdots + l_{1000})/1000$$

を計算すべきではなかろうか．このように考えプログラム 6.6 の下から 6 行目と 3 行目を

$s \longleftarrow s + \sqrt{x^2 + y^2}$ ……下から 6 行目

$s \longleftarrow s \div 1000$ ……下から 3 行目

と修正し，実験を再開した．結果は

9.1489389

となった．一般に平均値よりも二乗平均値，つまり(6)よりも(4)が大きいことは証明できるが，何故 9.1489… という値になるか，理論的な裏付けがうまくゆかなかった．そこで問題をやさしくし，よっぱらいは前へ進むか，後へ戻るか，どちらかしか進めないとして，つまり広場によっぱらいがいるのではなく，1 本の長い道によっぱらいがいて前後に進むとして実験をはじめた．つまり問題は次のようになる．

あるよっぱらいが 1 メートル進んでは止まり，また 1 メートル進んでは止まる．ただし進む方向は前か後である．100 回このようなことを繰り返したとき，よっぱらいはどこにいるだろうか．

この問題のプログラムを組むとき，前へ進むか，後へ行くかは完

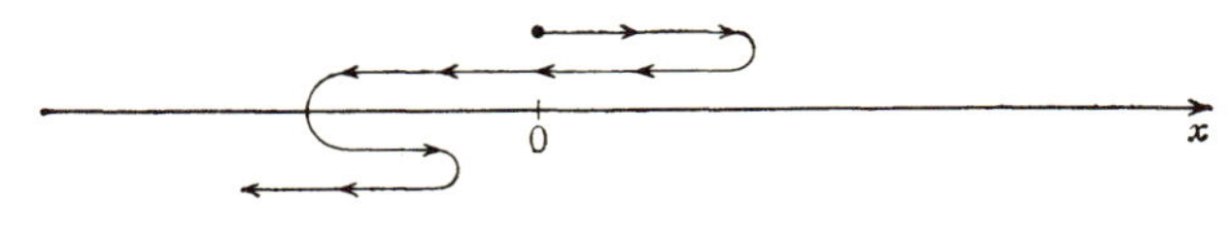

図 6.7

全にめちゃめちゃなのだから，乱数を利用し rnd(1) $\geqq 0.5$ ならば前へ進み，rnd(1) <0.5 ならば後へ戻ることにしよう．するとよっぱらいを 1000 人歩かせたとき，原点からの距離の平均値は次のプログラム 6.7 で得られる．

```
Start     s ←── 0
          j ←── 1
Next j    x ←── 0                          ┐
          i ←── 1                          │
Next i    if rnd(1) <0.5 go to Back        │
          x ←── x+1                        │
          go to Step                       ├ 100 回歩かせる
Back      x ←── x−1                        │
Step      i ←── i+1                        │
          if i≦100 go to Next i            ┘
          s ←── s+|x|
          j ←── j+1                        ┐
          if j≦1000 go to Next j           ┘ 1000 人歩かせる
          print s÷1000
End       stop
```

プログラム 6.7

記号 $|x|$ は x の絶対値である．このプログラムを実行すると

7.69200000

という値が得られた．さてこの値の理論的裏付けを考えよう．

100 回のうち前へ i 回進み，後へ $(100-i)$ 回戻ったとしよう．す

ると 100 回目には $i-(100-i)=2i-100$ メートル進んだことになる．1 回目には前へ進むか後へ戻るかどちらかである．2 回目も同様である…．100 回目も前へ進むか後へ戻るかどちらかである．よって全体で 2^{100} 通りの組み合せがある．このうち前へ i 回進む組み合せは ${}_{100}\mathrm{C}_i$ 通りある．$2i-100$ が正になるのは $i>50$ のときであり，$i<50$ のときは逆の方向へ $(100-2i)$ メートル原点より離れていることを考えると平均値は

$$
\begin{aligned}
&({}_{100}\mathrm{C}_0\cdot 100+{}_{100}\mathrm{C}_1\cdot 98+\cdots+{}_{100}\mathrm{C}_{49}\cdot 2+{}_{100}\mathrm{C}_{51}\cdot 2+\cdots+{}_{100}\mathrm{C}_{99}\cdot 98\\
&\qquad +{}_{100}\mathrm{C}_{100}\cdot 100)/2^{100}\\
&= 4({}_{100}\mathrm{C}_0\cdot 50+{}_{100}\mathrm{C}_1\cdot 49+\cdots+{}_{100}\mathrm{C}_{49}\cdot 1)/2^{100}\\
&= ({}_{100}\mathrm{C}_0\cdot 50+{}_{100}\mathrm{C}_1\cdot 49+\cdots+{}_{100}\mathrm{C}_{49}\cdot 1)/4^{49}
\end{aligned}
$$

となる．次にこの値を計算しよう．

$$
{}_{100}\mathrm{C}_i=\frac{100!}{i!\,(100-i)!} \tag{7}
$$

であるから 100! はどのくらいだか計算してみよう．

$$
100! = 1\times 2\times 3\times 4\times\cdots\times 98\times 99\times 100
$$

であるから次のプログラム 6.8 が思いつく．はじめに $f=1$ とし，次に f に 2 を掛け，3 を掛け，…，100 を掛ければよい．

```
Start   f ←── 1
        j ←── 2
Loop    f ←── f×j        …f = j!
        j ←── j+1
        if j≦100 go to Loop
        print f
End     stop
```

プログラム 6.8

この計算を実行すると，計算機は途中で動かなくなる．オーバー

フロウ(桁あふれ)という現象が発生するからである．仮想計算機では記憶装置の1つの箱に精度9桁の数しか入らないことは何度も説明した．数は

$$1.59276532\times10^{15}$$
$$-8.12456623\times10^{-15}$$

等のように9桁の数(**仮数部**)と，小数点を右や左にどの位動かすか，といういわゆる**指数部**とを組み合わせて記憶される．上記の2つの例では指数部は15および-15である．指数部を入れる場所は意外と小さく，仮想計算機では

$$-39\leqq \text{指数部} < 38$$

となっている．よって10^{38}以上の数は扱うことができない．日常生活ではこのような大きな数が使われることはないが，数学の計算では現われる．四則算法の結果10^{38}以上の数が現われることを**オーバーフロウ**(overflow)が発生したという．オーバーフロウが発生すると，それ以後の計算は正しくない．ではどうしたら100!が計算できるだろうか．計算の途中で10^{10}以上になれば10^{10}で割り，指数部は別に計算すればよい．よって次のプログラム6.9で100!が計算できる．

```
Start   f ←── 1
        e ←── 0
        j ←── 2
Loop    f ←── f×j
        if f<10^10 go to Step
        f ←── f÷10^10
        e ←── e+10
Step    j ←── j+1
        if j≦100 go to Loop
        print e
```

```
              print f
End           stop
```

プログラム 6.9

計算結果は

$$e = 150, \qquad f = 9.33262155 \times 10^{7}$$

となった．よって

$$100! \fallingdotseq 9.33262155 \times 10^{157}$$

であることがわかった．ともかく 100! は大きいので(7)を使って ${}_{100}\mathrm{C}_i$ を計算するのは能率的でない．(7)を変形し

$$\begin{aligned} {}_{100}\mathrm{C}_i &= \frac{100 \cdot 99 \cdot \cdots \cdot (100-i+1)}{1 \cdot 2 \cdot \cdots \cdot i} \\ &= \frac{100 \cdot 99 \cdot \cdots \cdot (100-i+2)}{1 \cdot 2 \cdot \cdots \cdot (i-1)} \cdot \frac{(101-i)}{i} = {}_{100}\mathrm{C}_{i-1} \cdot \frac{101-i}{i} \end{aligned}$$

を利用すれば，${}_{100}\mathrm{C}_0 = 1$, ${}_{100}\mathrm{C}_1$, ${}_{100}\mathrm{C}_2$, … の順に能率よく計算できる．よって

$$(8) \qquad \sum_{i=0}^{49} {}_{100}\mathrm{C}_i \cdot (50-i)/4^{49}$$

を計算するには次のプログラム 6.10 でできる．n は(8)の分子，d は分母，c は ${}_{100}\mathrm{C}_i$ のつもりである．

```
Start    n ←── 50
         c ←── 1
         d ←── 1
         i ←── 1
Loop     c ←── c × (101−i) ÷ i
         n ←── n + c × (50−i)
         d ←── d × 4
         i ←── i + 1
         if i ≦ 49 go to Loop
```

```
        print n÷d
End     stop
```

プログラム 6.10

結果は

7.95892373

となった．乱数を使って得た 7.692 とだいたい同じなので，大いに満足した．

練習問題

1. 2つのサイコロを1万回振ったとき，両方共に1の目になるのは何回起こるか実験するプログラムを作れ(§1).

2. 半径1の球の体積をモンテカルロ法で求めるプログラムを作れ(§3).

3. $0 \leqq x \leqq 1$, $0 \leqq y \leqq x^2$ の面積をモンテカルロ法で求めるプログラムを作れ(§3).

4. マッチ棒の長さが平行線の間隔の2倍あるとき，§4と同様の実験を行なうにはどうすればよいか.

5. オーバーフロウが発生しないようにして 2^{10000} を計算するプログラムを作れ(§5).

6. 等式 $\sum_{i=0}^{n}(n-i)\cdot {}_{2n}\mathrm{C}_i = n\cdot {}_{2n-1}\mathrm{C}_n$ を使い，プログラム 6.10 を短くせよ(§5).

後　　編

第7章
2 進 法

§1 天秤ばかり

化学薬品の目方を正確に計るときなど，天秤ばかりを使うことがある．天秤ばかりとは品物をのせる皿とおもりをのせる皿があり，図7.1のようにちょうど真中に支えがあるはかりである．重さのわからない品物を片方の皿にのせ，正確に重さのわかっているおもりを他方の皿にのせる．いくつかのおもりをのせ，ちょうど釣り合ったとき，おもりの重さを合計すれば品物の重さがわかるわけである．

図7.1 天秤ばかり

いまおもりが5個あり，それらの重さが1g，2g，4g，8g，16gだったとしよう．2倍，2倍に増えていることに注目してほしい．これだけのおもりがあれば，32gより軽い品物はいつでも正確に何グラムあるか計ることができる．ただしその品物の重さは半端な重さではないとする．たとえばある品物を計ったとき，次のようになったとする．

（イ） 16gのおもりをのせたが，おもりの方が軽かった．このとき品物の重さをxgとすれば$16<x$がわかったわけである．品物は

32 g より軽いと仮定したから

$$16 < x < 32 = 16+16$$

となる．よって

$$0 < x-16 < 16$$

となる．

（ロ）　さらに 8 g のおもりをのせたら，おもりの方が重くなった．よって

$$0 < x-16 < 8$$

であることがわかる．

（ハ）　8 g のおもりを除き，次に 4 g のおもりをのせたらおもりの方が軽かった．よって

$$4 < x-16 < 8$$

$$\therefore\quad 0 < x-16-4 < 4$$

が得られた．

（ニ）　さらに 2 g のおもりをのせても，おもりの方が軽かった．よって

$$2 < x-16-4 < 4$$

$$\therefore\quad 0 < x-16-4-2 < 2$$

が得られた．

（ホ）　次に 1 g のおもりを追加すると，等しくなった．よって

$$1 = x-16-4-2$$

が得られ

$$x = 16+4+2+1 = 23$$

となることがわかった．

このように品物の重さと，おもりの合計の重さとの差を半分，半分にしてゆくと，やがては品物の重さが求まるわけである．

さて同じように考えて，もしおもりが 10 個あり，それらの重さ

が

1 g, 2 g, 4 g, 8 g, 16 g, 32 g, 64 g, 128 g, 256 g, 512 g

だったならば，1024 g より軽い品物は正確に計れるわけである.

§2　2 進 法

天秤ばかりのおもりが 2 倍，2 倍になっていることを考えながら，今までのことをまとめ直してみよう．ある自然数 x が $x<1024$ だったとしよう．さて

$$a_{10} = \begin{cases} 1 & x \geqq 512 \quad \text{のとき} \\ 0 & x < 512 \quad \text{のとき} \end{cases}$$

とおく．$512 \leqq x$ のときは $x<1024$ であったから

$$512 \leqq x < 1024 = 512+512$$

$$\therefore \quad 0 \leqq x-512 < 512$$

となり，$x<512$ のときは

$$0 < x < 512$$

となる．両方をまとめて

$$0 \leqq x-a_{10}\times 512 < 512$$

となる．次に

$$a_9 = \begin{cases} 1 & x-a_{10}\times 512 \geqq 256 \quad \text{のとき} \\ 0 & x-a_{10}\times 512 < 256 \quad \text{のとき} \end{cases}$$

とおくと，前と同様に

$$0 \leqq x-a_{10}\times 512-a_9\times 256 < 256$$

となる．以下同じように $a_8, a_7, \cdots, a_2, a_1$ を定めると

$$0 \leqq x-a_{10}\times 512-a_9\times 256-\cdots-a_2\times 2-a_1 < 1$$

となる．x は自然数だったから

$$x = a_{10}\times 512+a_9\times 256+\cdots+a_2\times 2+a_1, \qquad a_i = 0 \text{ または } 1$$

と表わせるわけである．このような表わし方を **2 進法**による表わし

表 7.1

n	2^n	n	2^n
1	2	11	2048
2	4	12	4096
3	8	13	8192
4	16	14	16384
5	32	15	32768
6	64	16	65536
7	128	17	131072
8	256	18	262144
9	512	19	524288
10	1024	20	1048576

方という．またこのように表わされた数を**2進数**という．

以後よく使われるので，2の巾(べき)の表を作ってみよう．$n=0$ のときは $2^0=1$ と定める．$n=10$ のとき $2^{10}=1024$ は約1000である．このことは2の巾のだいたいの大きさを知るときよく用いられる．さて，表7.1のように，n を大きくすれば 2^n はいくらでも大きくなる．つまりどんなに大きな自然数 x に対しても，$2^n \leqq x < 2^{n+1}$ となる n が見つかる．このとき $2^{n+1}=2^n+2^n$ であることに注意すれば

$$0 \leqq x-2^n < 2^n$$

となる．もし $0<x-2^n$ ならば $2^m \leqq x-2^n < 2^{m+1}$, $m<n$ なる m が定まる．よって，$2^m \leqq x-2^n < 2^m+2^m$ より

$$0 \leqq x-2^n-2^m < 2^m$$

となる．同様に続ければ

$$0 \leqq x-2^n-2^m-\cdots < 1, \qquad n > m > \cdots$$

より

$$x = 2^n+2^m+\cdots, \qquad n > m > \cdots$$

となり，どのような自然数も相異なる2の巾の和に表わされることがわかった．ただし，$1=2^0$ も2の巾と思うことにする．

例

$$1 = 1 \qquad 2 = 2$$
$$3 = 2+1 \qquad 4 = 2^2$$
$$5 = 2^2+1 \qquad 6 = 2^2+2$$
$$7 = 2^2+2+1 \qquad 8 = 2^3$$
$$9 = 2^3+1 \qquad 10 = 2^3+2$$
$$11 = 2^3+2+1 \qquad 12 = 2^3+2^2$$
$$13 = 2^3+2^2+1 \qquad 14 = 2^3+2^2+2$$
$$15 = 2^3+2^2+2+1 \qquad 16 = 2^4$$
$$17 = 2^4+1 \qquad 18 = 2^4+2$$
$$19 = 2^4+2+1 \qquad 20 = 2^4+2^2$$

——

例　1000 を 2 の巾(べき)の和として表わせ.

解

$$1000-512 = 488$$
$$488-256 = 232$$
$$232-128 = 104$$
$$104-64 = 40$$
$$40-32 = 8$$

$$\therefore \quad 1000 = 512+256+128+64+32+8$$
$$= 2^9+2^8+2^7+2^6+2^5+2^3$$

——

例　$1+2+2^2+2^3+\cdots+2^{10}$ はいくつか.

解

$$x = 1+2+2^2+2^3+\cdots+2^{10}$$

とおけば，2 倍すると

$$2x = 2+2^2+2^3+2^4+\cdots+2^{11}$$

$$\therefore \quad x = 2x-x = 2^{11}-1 = 2048-1 = 2047$$

——

さて，x が

$$x = a_n \cdot 2^{n-1}+a_{n-1}\cdot 2^{n-2}+\cdots+a_2\cdot 2+a_1, \qquad a_i = 0 \quad \text{または} \quad 1$$

のとき a_i を並べて書いて

$$x = a_n a_{n-1} \cdots a_2 a_1$$

と書くことにする．

例

$$1 = 1 \qquad 2 = 10$$
$$3 = 11 \qquad 4 = 100$$
$$5 = 101 \qquad 6 = 110$$
$$7 = 111 \qquad 8 = 1000$$
$$9 = 1001 \qquad 10 = 1010$$
$$11 = 1011 \qquad 12 = 1100$$
$$13 = 1101 \qquad 14 = 1110$$
$$15 = 1111 \qquad 16 = 10000$$
$$17 = 10001 \qquad 18 = 10010$$
$$19 = 10011 \qquad 20 = 10100$$
$$1000 = 1111101000$$
$$2047 = 11111111111$$

——

10進法での表わし方と2進法での表わし方が混乱することもあるので，10進法での表わし方のときは10，2進法での表わし方のときは2という添字をつけることもある．たとえば

$$1000_{10} = 1111101000_2$$

となる．

§3 変　換

10進法で書かれた自然数 x を2進法で表わすにはどうしたらよいだろうか．前節のように表7.1を見ながら x より2の巾(べき)を引いていってもよいが，もっと能率的な方法があるので説明しよう．x を2進法で表わし

$$x = a_n a_{n-1} \cdots a_1$$

となるとしよう．このとき

$$x = a_n \cdot 2^{n-1} + a_{n-1} \cdot 2^{n-2} + \cdots + a_2 \cdot 2 + a_1$$

$$= (a_n \cdot 2^{n-2} + a_{n-1} \cdot 2^{n-3} + \cdots + a_2) \cdot 2 + a_1$$

であるから，a_1 は x を 2 で割った余りとして確定する．またそのときの商も確定する．商 q は

$$q = a_n 2^{n-2} + a_{n-1} 2^{n-3} + \cdots + a_3 2 + a_2$$
$$= (a_n 2^{n-3} + a_{n-1} 2^{n-4} + \cdots + a_3) \cdot 2 + a_2$$

であるから，商 q を 2 で割った余りとして a_2 は確定する．以下同様にしてゆけば，順に $a_1, a_2, a_3, \cdots, a_n$ が定まる．

例　1000 を 2 進法で表わすために 2 で割り，商を下に書き余りを右に書けば

	余り
2)1000	
2)500	…… 0
2)250	…… 0
2)125	…… 0
2)62	…… 1
2)31	…… 0
2)15	…… 1
2)7	…… 1
2)3	…… 1
1	…… 1

となるので，余り 0, 0, 0, 1, 0, 1, 1, 1, 1 つまり $a_1, a_2, \cdots, a_{n-1}$ が得られ，最後の商 1 は a_n となる．よって $a_n, a_{n-1}, \cdots, a_1$ の順に 1 と 0 を並べ

$$1000_{10} = 1111101000_2$$

が得られる．　——

次に 2 進法で表わされた数を 10 進法に直そう．

$$10101010 = 2^7 + 2^5 + 2^3 + 2$$
$$= 128 + 32 + 8 + 2$$

$$= 170$$

と直す方法が自然に思いつく．しかし 10 進法を 2 進法に直す方法を逆に用いる次のような方法もある．

$$a_3a_2a_1 = a_3\cdot 2^2 + a_2\cdot 2 + a_1$$
$$= (a_3\cdot 2 + a_2)\cdot 2 + a_1$$
$$a_4a_3a_2a_1 = a_4\cdot 2^3 + a_3\cdot 2^2 + a_2\cdot 2 + a_1$$
$$= ((a_4\cdot 2 + a_3)\cdot 2 + a_2)\cdot 2 + a_1$$

となる．一般に

$$a_na_{n-1}\cdots a_2a_1 = a_n2^{n-1} + a_{n-1}2^{n-2} + \cdots + a_22 + a_1$$
$$= (\cdots((a_n\cdot 2 + a_{n-1})2 + a_{n-2})2 + \cdots + a_2)2 + a_1$$

となることを利用すると，機械的に能率よく計算できる．つまり最初に $a_n\cdot 2 + a_{n-1}$ を計算し，次に 2 倍し，a_{n-2} を加える．以下同様にする．

例　1111101000_2 を 10 進法で表わせ．

解

$$\mathbf{1}\times 2 + \mathbf{1} = 3$$
$$3\times 2 + \mathbf{1} = 7$$
$$7\times 2 + \mathbf{1} = 15$$
$$15\times 2 + \mathbf{1} = 31$$
$$31\times 2 + \mathbf{0} = 62$$
$$62\times 2 + \mathbf{1} = 125$$
$$125\times 2 + \mathbf{0} = 250$$
$$250\times 2 + \mathbf{0} = 500$$
$$500\times 2 + \mathbf{0} = 1000$$

となり，10 進法では 1000 であることがわかった．　――

§4 四則算法

2進法で表わされた2つの数を加える方法を考えよう.

$$1+1=2=10_2$$

が基本的な計算である. つまり2進法では0と1しか現われず, 1と1を加えるとたちまち桁上りが発生するわけである. それ以外のことは10進法の場合と同じである. つまり下の桁より順に計算してゆき, 桁上りが発生すれば, すぐ上の桁に加えてゆくわけである. 10進法の計算を見直してみよう. 597＋228は次のように計算する.

```
  ↶↶ …… 桁上り
   5 9 7
 + 2 2 8
 ───────
   8 2 5
```

これは分解して考えると次のようになる.

$$\begin{aligned}597+228 &= (5\times10^2+9\times10+7)+(2\times10^2+2\times10+8)\\ &= 5\times10^2+9\times10+2\times10^2+2\times10+(7+8)\end{aligned}$$

……1桁目を加える

$$\begin{aligned}&= 5\times10^2+9\times10+2\times10^2+2\times10+15\\ &= 5\times10^2+9\times10+2\times10^2+2\times10+10+5\end{aligned}$$

……桁上り発生

$$= 5\times10^2+2\times10^2+(9+2+1)\times10+5$$

……2桁目を加える

$$\begin{aligned}&= 5\times10^2+2\times10^2+12\times10+5\\ &= 5\times10^2+2\times10^2+(10+2)\times10+5\\ &= 5\times10^2+2\times10^2+10^2+2\times10+5 \text{……桁上り発生}\\ &= (5+2+1)\times10^2+2\times10+5 \text{……3桁目を加える}\\ &= 8\times10^2+2\times10+5\\ &= 825 \text{……答}\end{aligned}$$

2進法でも同じである. 111_2+11_2 の計算は

$$
\begin{array}{r}
\curvearrowleft\curvearrowleft\curvearrowleft \cdots\cdots \text{桁上り} \\
1\ 1\ 1 \\
+\quad 1\ 1 \\
\hline
1\ 0\ 1\ 0
\end{array}
$$

とすればよい．つまり下の桁より計算し，$1+1=2$ であるから桁上りが発生し，次に $1+1+1=3=2+1$ であるから桁上りが発生し，次に $1+1=2$ であるから桁上りが発生するわけである．分解して考えると次のようになる．

$$
\begin{aligned}
111_2+11_2 &= (2^2+2+1)+(2+1) \\
&= 2^2+2+2+(1+1) \cdots\cdots \text{1桁目を計算} \\
&= 2^2+2+2+2 \cdots\cdots \text{桁上り発生} \\
&= 2^2+(1+1+1)2 \cdots\cdots \text{2桁目を計算} \\
&= 2^2+(2+1)2 \\
&= 2^2+2^2+2 \cdots\cdots \text{桁上り発生} \\
&= (1+1)2^2+2 \cdots\cdots \text{3桁目を計算} \\
&= 2\cdot 2^2+2 \\
&= 2^3+2 \cdots\cdots \text{桁上り発生} \\
&= 1010_2 \cdots\cdots \text{答}
\end{aligned}
$$

分解して計算するのは，時間がかかり能率的ではない．能率的な方法は10進法と同じように下の桁より計算し，桁上りがあるときは上の桁に加えてゆけばよい．ただ何故それでよいのか，という理由は分解して計算のすじ道を追う以外にはない．計算のすじ道がわかったならば，あとは練習して機械的に2進法の計算がすらすらできることが望ましい．

減法を考える前に，2つの2進法で表わされた数があったとき，大小はどのように判定してよいか考えよう．a, b を2進法で表わしたとき

$$
a = a_n a_{n-1} \cdots a_1, \qquad a_n = 1, \qquad a_i = 0 \text{ または } 1
$$

$$b = b_m b_{m-1} \cdots b_1, \quad b_m = 1, \quad b_i = 0 \text{ または } 1$$

となっていたとしよう．このとき桁数が多い方が大きい．たとえば $n>m$ ならば $a_n=1$, $n-1 \geqq m$ であるから

$$\begin{aligned} a &= a_n \cdot 2^{n-1} + \cdots + a_1 \\ &\geqq 2^{n-1} \geqq 2^m \end{aligned}$$

となる．また b については

$$\begin{aligned} b &= b_m \cdot 2^{m-1} + b_{m-1} \cdot 2^{m-2} + \cdots + b_1 \\ &\leqq 2^{m-1} + 2^{m-2} + \cdots + 1 \\ &= 2^m - 1 < 2^m \end{aligned}$$

となるので，$a>b$ が得られる．

次に桁数が等しかったとしよう．このときは上の桁より比べてゆき，最初に大きい数が現われた方が大きい．たとえば $n=m$, $a_n=b_n$, $a_{n-1}=b_{n-1}$, …, $a_{l+1}=b_{l+1}$, $a_l=1>0=b_l$ となったとしよう．このとき

$$\begin{aligned} a &= a_n 2^{n-1} + \cdots + a_{l+1} 2^l + (a_l 2^{l-1} + \cdots + a_1) \\ b &= a_n 2^{n-1} + \cdots + a_{l+1} 2^l + (b_l 2^{l-1} + \cdots + b_1) \end{aligned}$$

であるが，$a_l=1$, $b_l=0$ であるので，後半の括弧の中の桁数が a の方が大きい．よって $a>b$ となる．

まとめると，2 つの数は桁数が大きいほど大きく，桁数が等しいときは上の桁より比べてゆき，等しくない桁が見つかったならば，その桁が 1 である方が大きい．最後の桁まで等しければ，2 つの数はもちろん等しいわけである．

次に減法を考えよう．2 進法での引き算も 10 進法での引き算と同じようにすればよい．下の桁より計算してゆき，引き切れないときは上の桁より 2 を借りてくればよい．たとえば

```
 ↷↷↷    ……借り
 1 1 0 0 1
−   1 1 1 1
───────────
    1 0 1 0
```

となる．少しくどくなるが，分解して考えてみると次のようになる．

$11001_2-1111_2=(2^4+2^3+1)-(2^3+2^2+2+1)$

$=2^4+2^3-2^3-2^2-2+(1-1)$……1桁目を計算

$=2^4+2^3-2^3-2^2-2$……1桁目の計算終り

$=2^4+2^2+2+2-2^3-2^2-2$

……4桁目より2桁目へ貸し

$=2^4+2^2-2^3-2^2+(1+1-1)\cdot 2$……2桁目を計算

$=2^4+2^2-2^3-2^2+2$……2桁目の計算終り

$=2^4-2^3+(1-1)\cdot 2^2+2$……3桁目を計算

$=2^4-2^3+2$……3桁目の計算終り

$=2^3+2^3-2^3+2$……5桁目より4桁目へ貸し

$=(1+1-1)\cdot 2^3+2$……4桁目を計算

$=2^3+2$……4桁目を計算

$=1010_2$……答

2桁目を計算するとき，3桁目が0なので4桁目から借りてきた．別の方法として，強引に3桁目から借りてきて，次に3桁目を計算するとき1を引いてもよい．引ききれなければさらに上の桁から借りればよい．上記の計算の場合は次のようになる．

$=2^4+2^3-2^3-2^2-2^2+(2-1)\cdot 2$……2桁目を計算

$=2^4+2^3-2^3-2^2-2^2+2$……2桁目の計算終り

$=2^4+2^3-2^3-2^3+(2^3-2^2-2^2)+2$……借り

$=2^4+2^3-2^3-2^3+(2-1-1)\cdot 2^2+2$……3桁目を計算

$=2^4+2^3-2^3-2^3+2$……3桁目の計算終り

$=2^4-2^4+(2^4+2^3-2^3-2^3)+2$……借り

$=2^4-2^4+(2+1-1-1)\cdot 2^3+2$……4桁目を計算

$=2^4-2^4+2^3+2$……4桁目の計算終り

$=(2^4-2^4)+2^3+2$……5桁目を計算

$$= 2^3+2 \cdots\cdots 5\text{桁目の計算終り}$$

$$= 1010_2 \cdots\cdots \text{答}$$

10進法の足し算や引き算は小学校のとき機械的に教わり何故そのように計算するかは教わらなかったであろう．やがて計算になれてくると，そのように計算するのがあたりまえで，何故そのように計算すると正しい答が得られるのか疑問に思わないであろう．しかしここで新しく2進法を学んだとき，足し算や引き算はこのように機械的に実行すればよい，というだけでは気持ちが落ち着かない．何故これでよいのか，分解して考え，一度はなるほどと思うことは大切である．なるほど，とわかったとき，次に大切なことは練習をして頭ではなく，体で計算法を覚えることである．

次に乗法を考えよう．2進法で表わされた数の掛け算は簡単である．九九に相当するものが

$$1\times 1=1$$

しかないからである．たとえば$1011_2\times 11_2$の計算は分解して考えれば

$$\begin{aligned}1011_2\times 11_2 &= (2^3+2+1)\cdot(2+1)\\ &= (2^3+2+1)\cdot 2+(2^3+2+1)\\ &= (2^4+2^2+2)+(2^3+2+1)\\ &= 10110_2+1011_2\end{aligned}$$

となり，あとは足し算を行なえばよい．通常は次のようにする．

$$\begin{array}{r} 1011\\ \times\quad 11\\ \hline 1011\\ 1011\\ \hline 100001\end{array}$$

九九は実質的には必要でない．適当に左へ桁をずらし，加え合わせればよいからである．11111×1101は次のようになる．

$$
\begin{array}{r}
11111 \\
\times\ 1101 \\
\hline
11111 \\
11111 \\
+11111 \\
\hline
110010011
\end{array}
$$

ずらした数を加え合わすとき，桁上りが2桁上までひびくことがあるので注意してほしい．1を4つ加えると 2^2 となり，10進法の計算では考えられない現象が起るからである．4桁目を計算するとき，下からの桁上りと合わせて 2^2 となり，2桁上へ，つまり6桁目へ桁上りが発生する．5桁目の計算でも6桁目に桁上りが発生する．6桁目の計算では，4桁目と5桁目よりの桁上りと合わせて 2^2 となり，8桁目に桁上りが発生する．7桁目の計算でも8桁目に桁上りが発生する．よって8桁目の計算は $1+1+1=2+1$ となり，9桁目に桁上りが発生し，計算は終る．このように少しややこしくなるので，次のように足し算は2回に分けた方がよいかも知れない．

$$
\begin{array}{r}
11111 \\
\times\ 1101 \\
\hline
11111 \\
+11111 \\
\hline
10011011 \\
+11111 \\
\hline
110010011
\end{array}
$$

次に除法を考えよう．除法は乗法の逆を行なえばよい．つまり上の桁より計算し，引き算を繰り返せばよい．1が立つか0が立つかどちらかだから，計算はやさしい．やさしいといっても除数の一番上の桁だけを見て1が立つか否かを決めるわけにはいかず，乗法の場合と異なる．計算機が自動的に計算するときは強引に1を立て，引きすぎたときは次の桁を計算するとき -1 を立てる方法もあるが，通常はたとえば $1011101 \div 111$ は次のようになる．

```
        1101
111)1011101
   -111
    1001
   - 111
     1001
    - 111
       10
```

よって商は 1101_2 となり，余りは 10_2 となる．なぜこれでよいか，は逆に乗法を行なえばわかる．つまり

```
     111 ……除数
   ×1101 ……商
      10 ……余り
    +111 …… 1桁目
    1001
  +111   …… 3桁目
  100101
 +111    …… 4桁目
 1011101 ……被除数
```

となり，完全に除法とは計算の順が逆になっている．

§5 合同式

負の数の表わし方を説明するために，合同式が必要なので，合同式の要点を説明しようと思う．

自然数 m と整数 a, b に対して，$a-b$ が m で割り切れるとき，a と b は m を**法**として**合同**であるといい，$a \equiv b \pmod{m}$ と書き，この式を**合同式**という．つまり $a \equiv b \pmod{m}$ とは

$$a \equiv b \pmod{m} \Longleftrightarrow a-b \text{ は } m \text{ の倍数}$$

となる．記号“$\Longleftrightarrow$”は“右と左が同じである”ことを意味する．たとえば

$$8 \equiv 3 \pmod{5}$$

$$8 \equiv -10 \pmod{9}$$

となる．

$a-a=0=0\cdot m$ は m の倍数だから

$$a \equiv a \pmod{m}$$

となる．$a-b$ が m で割れれば $b-a=-(a-b)$ も m で割れるから

$$a \equiv b \pmod{m} \quad \text{ならば} \quad b \equiv a \pmod{m}$$

となる．$a-b$ が m の倍数，$b-c$ が m の倍数ならば $a-c=(a-b)+(b-c)$ も m の倍数だから

$$a \equiv b,\ b \equiv c \pmod{m} \quad \text{ならば} \quad a \equiv c \pmod{m}$$

が得られる．これらは等式と似た性質である．四則算法に関しても等式と似た性質がある．

$$a \equiv b \pmod{m},\quad c \equiv d \pmod{m}$$

のとき $a-b$，$c-d$ は m の倍数だから

$$(a+c)-(b+d) = (a-b)+(c-d)$$

$$(a-c)-(b-d) = (a-b)-(c-d)$$

$$\begin{aligned} ac-bd &= ac-ad+ad-bd \\ &= a(c-d)+(a-b)d \end{aligned}$$

も m の倍数である．つまり

$$a+c \equiv b+d \pmod{m}$$

$$a-c \equiv b-d \pmod{m}$$

$$ac \equiv bd \pmod{m}$$

が得られた．特に $c \equiv c \pmod{m}$ であるから

$$a+c \equiv b+c \pmod{m}$$

$$a-c \equiv b-c \pmod{m}$$

$$ac \equiv bc \pmod{m}$$

が得られる．つまり同じ数を足しても引いても掛けてもよいわけである．

a を m で割り，余りを r とすれば

$$a = mq + r, \qquad 0 \leqq r < m$$

となる．よって a に対して

$$a \equiv r \pmod{m}, \qquad 0 \leqq r < m$$

となる r はただ1つ定まる．

r が $m/2$ より小さいときは $r_1 = r$ とおき，$r \geqq m/2$ のときは $r_1 = r - m$ とおけば

$$r_1 \equiv r \pmod{m}, \qquad -\frac{m}{2} \leqq r_1 < \frac{m}{2}$$

となる．よって

$$a \equiv r_1 \pmod{m}, \qquad -\frac{m}{2} \leqq r_1 < \frac{m}{2}$$

となる r_1 がただ1つ定まる．この r_1 のことを，a を m で割ったときの**絶対値最小の余り**という．

例

$$11 \equiv 3 \pmod{8}, \qquad -4 \leqq 3 < 4$$
$$13 \equiv -3 \pmod{8}, \qquad -4 \leqq -3 < 4$$

であるから，11 を 8 で割ったときの絶対値最小の余りは 3 であり，13 を 8 で割ったときの絶対値最小の余りは -3 である．　——

§6 計算機の中での整数の表わし方

計算機は 0 か 1 を表わす**ビット**よりできている．どのようにビットを電気的に作るかはあとまわしにして，ともかく計算機はたくさんのビットから作られていると考えてほしい．小さな計算機では 16 個ごとにビットがまとめられている．この 16 個のまとまったビットを 1 **語**と呼ぶ．

□ ＝ 1 ビット ＝ 0 または 1 を表わす

= 16 ビット = 1 語

1ビットは0または1を表わしているので，1語を見たとき，1つの2進法で表わされた数と解釈することができる．つまり1語が

0	0	1	0	1	1	0	0	0	1	1	0	0	0	1	1

となっていれば 10110001100011_2 という数を表わしているものと思うわけである．よって1語で表わされる最大の数はすべてが1のときの

$$1111111111111111_2 = 2^{15}+2^{14}+2^{13}+\cdots+2+1$$

となる．この値を x とすれば

$$\begin{aligned} 2x &= 2(2^{15}+2^{14}+2^{13}+\cdots+2+1) \\ &= 2^{16}+2^{15}+2^{14}+\cdots+2^2+2 \end{aligned}$$

よって

$$\begin{aligned} x = 2x-x &= (2^{16}+2^{15}+2^{14}+\cdots+2^2+2) \\ &\quad -(2^{15}+2^{14}+\cdots+2^2+2+1) \\ &= 2^{16}-1 \\ &= 65536-1 = 65535 \end{aligned}$$

となる．最小の数はすべてのビットが0のときの0である．よって1語で表わされる数を a とすれば

$$0 \leqq a \leqq 2^{16}-1 = 65535$$

となる．しかしこれでは負の数を表わすことができない．よって次のような工夫をする．$m=2^{16}=65536$ とし，a を m で割った絶対値最小の余りを a' とすれば

$$a \equiv a' \pmod{m}$$

$$-32768 = -m/2 \leqq a' < m/2 = 32768$$

となる．よって1語で a' を表わしていると思うことにする．この

ような表わし方を**2の補数表示**という．このようにすれば，1語で -32768 より 32767 までの数が表わせる．a と a' の関係をもう少しはっきりさせると，$a<m/2=2^{15}$ のときは $a=a'$ であり，$a\geqq m/2=2^{15}$ のときは $a'=a-m$ である．2進法で 1000000000000000 は 2^{15} であるから $a\geqq 2^{15}$ ということは a を表わす 16 ビットを見たとき，その一番左のビットが 1 であることを意味している．よって一番左のビットを**符号ビット**と呼ぶ．まとめると

$$\text{符号ビット} = 0 \Longleftrightarrow a = a' \Longleftrightarrow 0 \leqq a' < 2^{15}$$

$$\text{符号ビット} = 1 \Longleftrightarrow a-2^{16} = a' \Longleftrightarrow -2^{15} \leqq a' < 0$$

となる．

例 16個のビットが次のようになっているとき，2の補数表示でいくつを表わしているか．

（イ） 0000000011111111

答 $2^7+2^6+2^5+\cdots+2+1 = 2^8-1 = 256-1 = 255$

を表わしている．

（ロ） 1111111111111111

答 符号ビットが1であるから，2^{16} を引く．つまり

$$(2^{15}+2^{14}+\cdots+2+1)-2^{16} = (2^{16}-1)-2^{16} = -1$$

よってすべてのビットが1のときは -1 を表わしている．

（ハ） 1111111100000000

答 やはり 2^{16} を引くことに注意すると

$$\begin{aligned}(2^{15}+2^{14}+\cdots+2^8)-2^{16} &= (2^{15}+2^{14}+\cdots+2+1)-(2^7+\cdots+2+1)\\ &\quad -2^{16}\\ &= (2^{16}-1)-(2^8-1)-2^{16}\\ &= -2^8 = -256\end{aligned}$$

——

1語を普通の2進数だと思って表わしている数を a，2の補数表示だと思って表わしている数を a' とする．さて，1語の中の16ビ

ットを1と0を逆にしよう．つまりあるビットが0ならば1に，1ならば0に替えるわけである．このようにしてできた16ビットを普通の2進数だと思って表わしている数を $\bar{a}$，2の補数表示だと思って表わしている数を $\bar{a}'$ とする．たとえば

$$a = 1111000011110000 \quad \text{ならば} \quad \bar{a} = 0000111100001111$$

である．すると次の式が成り立つ．

(1) $$a \equiv a' \pmod{2^{16}}, \qquad -2^{15} \leqq a' < 2^{15}$$

(2) $$\bar{a} \equiv \bar{a}' \pmod{2^{16}}, \qquad -2^{15} \leqq \bar{a}' < 2^{15}.$$

ところで a と $\bar{a}$ を加えると，すべてのビットが1となる．つまり

(3) $$a+\bar{a} = 2^{15}+2^{14}+\cdots+2+1 = 2^{16}-1$$
$$\equiv -1 \pmod{2^{16}}$$

となる．a' と $\bar{a}'$ は符号ビットが異なるから，片方が負ならば他方は正(0も含む)である．よって

(4) $$-2^{15} \leqq a'+\bar{a}' < 2^{15}$$

となる．(1), (2)より

$$a+\bar{a} \equiv a'+\bar{a}' \pmod{2^{16}}$$

よって(3)を使えば

$$a'+\bar{a}' \equiv -1 \pmod{2^{16}}$$

(4)を使えば

$$a'+\bar{a}' = -1$$

となる．よって2の補数表示では

$$-a' = \bar{a}'+1$$

となる．このことは演算装置を作るとき，引き算の装置は不要であることを示している．つまり

$$b'-a' = b'+(-a')$$
$$= b'+\bar{a}'+1$$

を利用すれば，引き算は足し算の装置を使って行なうことができる．

例　-100 を 2 の補数表示で表わせ．

解　100 を 2 進数で表わすと

$$
\begin{array}{rl}
2)\underline{100} & \\
2)\underline{50} & \cdots\cdots 0 \\
2)\underline{25} & \cdots\cdots 0 \\
2)\underline{12} & \cdots\cdots 1 \\
2)\underline{6} & \cdots\cdots 0 \\
2)\underline{3} & \cdots\cdots 0 \\
1 & \cdots\cdots 1
\end{array}
$$

であるから $100_{10}=1100100_2$ である．よって

$$
\begin{aligned}
-100_{10} &= \overline{0000000001100100}+1 \\
&= 1111111110011011+1 \\
&= 1111111110011100
\end{aligned}
$$

となる．検算してみると，符号ビットが 1 であるので

$$
\begin{aligned}
&2^{15}+2^{14}+\cdots+2^7+2^4+2^3+2^2-2^{16} \\
&\quad = (2^{15}+2^{14}+\cdots+2+1)-(2^6+2^5+2+1)-2^{16} \\
&\quad = (2^{16}-1)-(64+32+2+1)-2^{16} \\
&\quad = -(64+32+2+1+1) = -100
\end{aligned}
$$

となり，確かに -100 を表わしている．　——

1 語だけでは -2^{15} より $2^{15}-1$ までの数しか表わせないが，もっと大きな数を扱うときは 2 語以上用いる．たとえば 2 語を用いれば

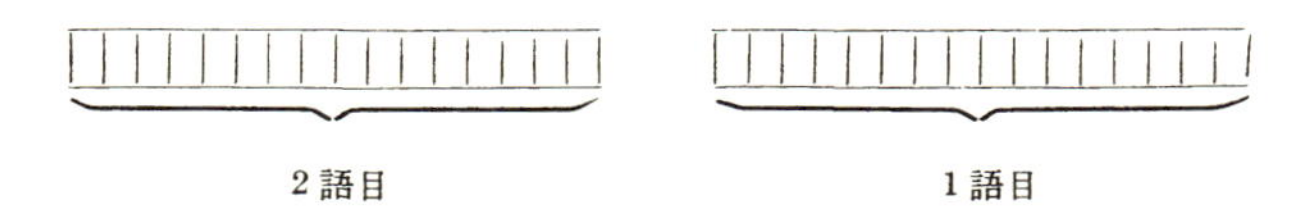

2 語をならべて 32 ビットの数が扱える．普通の 2 進法だと思えば最大

$$
\begin{aligned}
2^{31}+2^{30}+\cdots+2+1 &= 2^{32}-1 \\
&= 4294967296-1
\end{aligned}
$$

までの数が表わせる．2 の補数表示だと思えば $m=2^{32}$ とし，

$$-2^{31} = -2147483648 \sim 2^{31}-1 = 2147483647$$

の範囲の数が表わせる．3語以上使えばもっと大きな数も表わせるわけである．

§7 小数の表わし方

計算機は小数を近似値としてしか扱うことができない．また能率よく近似値を表わすために，次のような**浮動小数点表示**がよく用いられる．話を簡単にするために，2語で1つの数を表わすことにしよう．1語目には小数点をどのくらい右や左にずらすか，という値 e を2の補数表示で入れ，2語目には1つの整数 a を2の補数表示で入れる．この2語で

$$a \times 2^e \qquad (-32768 \leqq a,\ e < 32768)$$

という数を表わしていると思うことにする．

例 (イ) $a=30000$, $e=10$ のとき

$$30000 \times 2^{10} = 30720000$$

という数を表わしている．

(ロ) $a=30000$, $e=-10$ のとき

$$30000 \times 2^{-10} = 29.296875$$

という数を表わしている． ——

例 (イ) 100000はどのように表わすか．

解

$$\begin{aligned} 100000 &= 50000 \times 2 \\ &= 25000 \times 2^2 \end{aligned}$$

であるから $a=25000$, $e=2$ とすればよい．

(ロ) 0.1はどのように表わすか．

解

$$0.1 \times 2^{18} = 26214.4$$

であるから $a=26214$, $e=-18$ とすればよい．誤差があるのはしかたがない．a をなるべく大きくするのは，誤差が小さくなるからで

ある.

$$0.1 = 26214.4 \times 2^{-18}$$
$$= 26214 \times 2^{-18} + 0.4 \times 2^{-18}$$

であるから，誤差は 0.4×2^{-18} である. ——

この例のように正しく表わされることもあるが，誤差があることもある. 有効桁数は 4 桁は十分ある.

有効桁数を 9 桁にするためには，たとえば 3 語を使い，2 語目と 3 語目で 1 つの整数 a を表わしていると思えばよい.

$$-2^{31} = -2147483648 \leqq a \leqq 2^{31} - 1 = 2147483647$$

であるから，十分 9 桁の精度がある. 4 語以上使えば，いくらでも有効桁数を大きくすることができる.

練習問題

1. 10 個のおもりの重さが 1, 2, 4, 8, 16, 32, 64, 128, 256, 512 g であるとき，999 g の品物はどのおもりを使えば釣り合うか(§ 1).

2. 555 を 2 進法で表わせ (§ 3).

3. 11001100_2 を 10 進法で表わせ (§ 3).

4. 2 進法の次の足し算を実行せよ (§ 4).

(イ)
$$\begin{array}{r} 10101 \\ +\ 1010 \\ \hline \end{array}$$
(ロ)
$$\begin{array}{r} 10101 \\ +\ 10101 \\ \hline \end{array}$$
(ハ)
$$\begin{array}{r} 10101 \\ +\ 10111 \\ \hline \end{array}$$
(ニ)
$$\begin{array}{r} 11111111 \\ +\ 1 \\ \hline \end{array}$$
(ホ)
$$\begin{array}{r} 11111111 \\ +\ 11111111 \\ \hline \end{array}$$

5. 2 進法の次の引き算を実行せよ (§ 4).

(イ)
$$\begin{array}{r} 101101 \\ -\ 1001 \\ \hline \end{array}$$
(ロ)
$$\begin{array}{r} 101010 \\ -\ 10101 \\ \hline \end{array}$$
(ハ)
$$\begin{array}{r} 101001 \\ -\ 10111 \\ \hline \end{array}$$
(ニ)
$$\begin{array}{r} 10000000 \\ -\ 1 \\ \hline \end{array}$$
(ホ)
$$\begin{array}{r} 111111110 \\ -\ 11111111 \\ \hline \end{array}$$

6. 2進法の次の掛け算を実行せよ(§4).

(イ) $\begin{array}{r} 1001 \\ \times\ 11 \\ \hline \end{array}$ (ロ) $\begin{array}{r} 1111 \\ \times\ 101 \\ \hline \end{array}$ (ハ) $\begin{array}{r} 11111 \\ \times\ 1101 \\ \hline \end{array}$

(ニ) $\begin{array}{r} 111111 \\ \times\ 1000001 \\ \hline \end{array}$ (ホ) $\begin{array}{r} 1111111 \\ \times\ 1111111 \\ \hline \end{array}$

7. 2進法の次の割り算を実行せよ(§4).

(イ) 1010101÷11

(ロ) 1001001001÷101

(ハ) 101101101÷1000

(ニ) 101010101÷1111

8. 41を16で割ったときの絶対値最小の余りはいくつか(§5).

9. 16ビットが次のようになっているとき，2の補数表示だと思うといくつを表わしているか(§6).

(イ) 0000 0000 0000 1111

(ロ) 1111 1111 1111 0000

(ハ) 0000 0000 1010 1010

(ニ) 1111 1111 0101 0101

10. −556を2の補数表示で表わせ(§6).

11. 浮動小数点表示で99999および1/3はどのように表わされているか(§7).

第8章
機 械 語

仮想計算機の1行で書かれている命令は，実際の計算機の内部では，いくつかの**機械語**と呼ばれている基本命令を組み合わせてできている．よって計算機の内部の動きをより正確に知るためには，機械語を学ばなければならない．ここではできるだけ単純な小型な計算機を考え，計算機の一歩一歩の動作を説明しよう．

§1 単純計算機

計算機の最小単位は**ビット**(bit)である．ビットの性質は

(1) 0または1の状態を保つ．

(2) 今までの状態に無関係に0または1の状態に強制的に変えられる．

(3) 0の状態であるか，1の状態であるかが外部よりわかる．

の3つである．電気的にはフリップフロップを用いれば実現できるが，このことについては次章で説明しよう．ビットの次の単位は**語**(word)である．これから考える**単純計算機**では，16ビットで1語となっている(図8.1)．

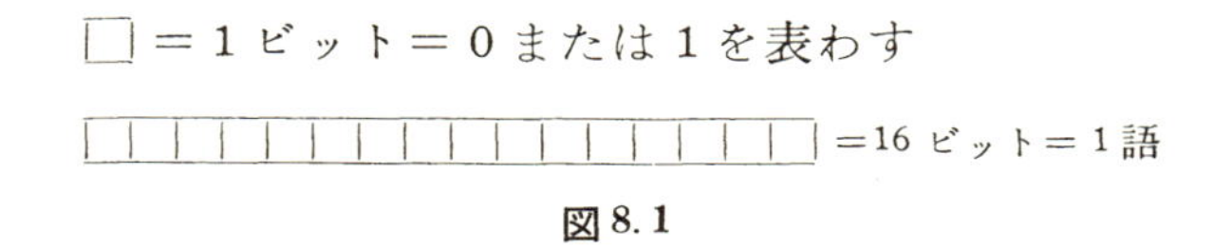

図8.1

1つのビットは2進法の1桁に相当する．よって1語を2進数と思えば0より$2^{16}-1$までの数が表わせるが，2の補数表示と思えば-2^{15}より$2^{15}-1$までの数が表わせる．これから1語が表わす値は2の補数表示で与えられた値であるとしよう．

さてこれから考える単純計算機の中には演算装置の中に演算した結果を一時的に保持する場所が1語だけある．この1語は**累算器**または**アキュムレータ**(accumulator，略して***ACC***)と呼ばれている．単純計算機の記憶装置は4096語よりできている．4096個の場所は0番地, 1番地, …, 4095番地と名づける(図8.2)．

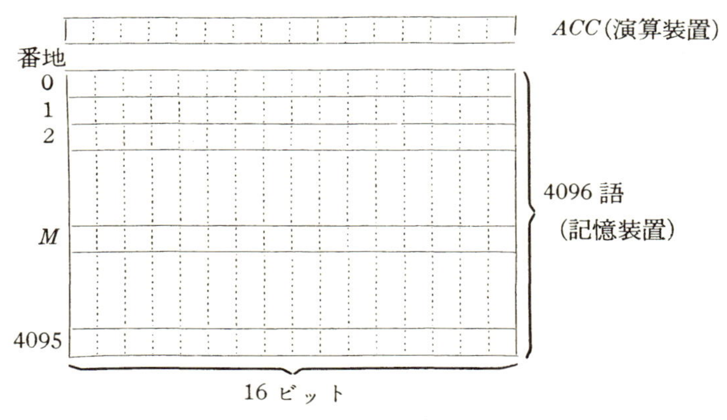

図8.2　単純計算機

記憶装置の1つ1つの場所に仮想計算機では$a, b, \cdots, z$と名づけたが，ここでは0, 1, 2, …, 4095番地と名づけるわけである．1つの番地の内容は-32768より32767までの整数である．1という値と1番地の内容とは区別しなければならない．同様に$0 \leqq M \leqq 4095$のときMそのものとM番地の内容は区別しなければならない．しかし一般的に文字Mを使った場合は文字MでM番地の内容を表わすことにする．混乱の恐れがあるときは“Mそのもの”，“M番地の内容”

などと書いて区別することにする．同様に ACC と書けばアキュムレータという場所を表わすこともあるし，アキュムレータの内容を表わすこともある．

§2 加減算

単純計算機では加法と減法しかできない．加法はアキュムレータ(ACC)の値と M 番地にある値を加え，答を ACC に保持する，ということを1つの命令で行なう．つまり **add** M という基本命令は

$$ACC \longleftarrow ACC+M$$

ということを実行する．同様に減法は **subtract** M という基本命令で

$$ACC \longleftarrow ACC-M$$

ということを実行してくれる．このようにいつもアキュムレータにある値に，ある番地の内容を加えたり引いたりするわけである．では，計算結果を M 番地にしまうにはどうしたらよいだろうか．それは基本命令 store M で行なわれる．**store** M は

$$M \longleftarrow ACC$$

を実行するわけである．この命令を実行すると，今まで M 番地にあった値は消され，ACC の内容が入るわけである．このとき ACC の内容は変わらない．store 命令の逆が load 命令である．**load** M という基本命令は

$$ACC \longleftarrow M$$

を実行してくれる．以上4つの命令が演算命令である．

さて，A 番地にある値と B 番地にある値を加えて C 番地に入れるにはどうしたらよいだろうか．つまり

$$C \longleftarrow A+B$$

を行なうにはどうしたらよいだろうか．基本命令を使えば

```
load  A
add   B
store C
```

となる．上の行より1つずつ命令は実行されて，目的がはたせるわけである．同様に引き算

$$C \longleftarrow A-B$$

を行なうには

```
load     A
subtract B
store    C
```

とすればよい．

プログラムとは基本命令をどの順に行なうか，はっきり書いたものである．また，計算が終ったら止まるようにしたいので**stop**命令を用いる．たとえば最初のプログラムは

```
Start   load  A
        add   B
        store C
End     stop
```

となる．

§3　判　　断

単純計算機は判断もできる．ただし判断はACCにある値が負か負でないか，を区別するだけである．ACCにある値は2の補数表示で表わされているから$ACC<0$とは，ACCの16ビットのうち一番左の符号ビットが1となっていることである．つまりACCの一番左のビットが1か0かに従って計算機の動作が分かれるわけである．基本命令は**jump minus** Mである．この命令はもし$ACC<0$

ならば M 番地へ飛べ，$ACC\geqq 0$ ならば何もせず次の行へ進め，という命令である．M 番地へ飛べ，とはずいぶんおかしなことだ，と思うだろう．実は後の節で説明するけれど，命令そのものが記憶装置にしまわれている．1行の命令は，ある番地の1語の中にしまわれている．よって命令の書かれている行を表わすのに，番地を使ってもよいわけである．これだけの説明ではぼんやりとしてはっきりわからないであろうが，ともかくいろいろな例を見て雰囲気をつかんでほしい．

例　A の絶対値を B に入れよ．

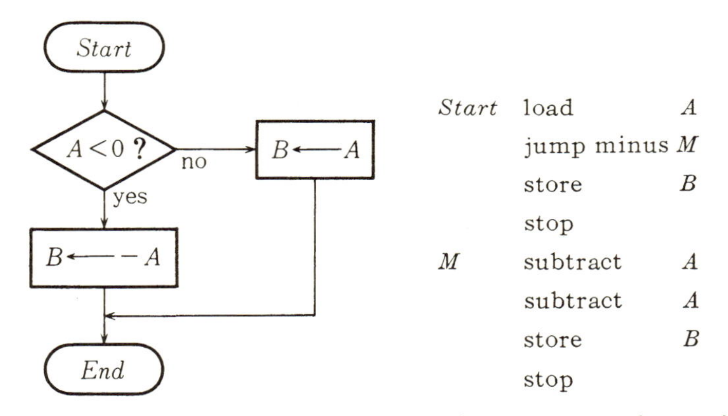

このプログラムの説明をすると，まず load A で A 番地の内容が ACC に入る．次にこの値が負ならば M と書かれた行へ飛ぶ．よって $A<0$ ならば A を2回引き，$A-A-A=-A$ が B に入るわけである．$A\geqq 0$ のときは M 番地へ飛ばずに次の行に進む．よって B には A が入り止まる．　——

この例の場合，stop 命令が2つあるのは別に悪いことではない．ただ1行にまとめたいときには **jump** M 命令を使うとよい．この命令は無条件に M 番地へ飛べ，という命令である．また A, B という場所は記憶装置のどこかの場所だけれど，通常プログラムの次に書

く．たとえばこのプログラムの場合

Start	load	A
	jump minus	M
	store	B
	jump	*End*
M	subtract	A
	subtract	A
	store	B
End	stop	
A	-15	
B	0	

となる．この場合 A には -15 が入っているので $A-A-A=-15-(-15)-(-15)=15$ が B に入る．

例　自然数 A, B に対して A を B で割った商を Q，余りを R に入れよ．

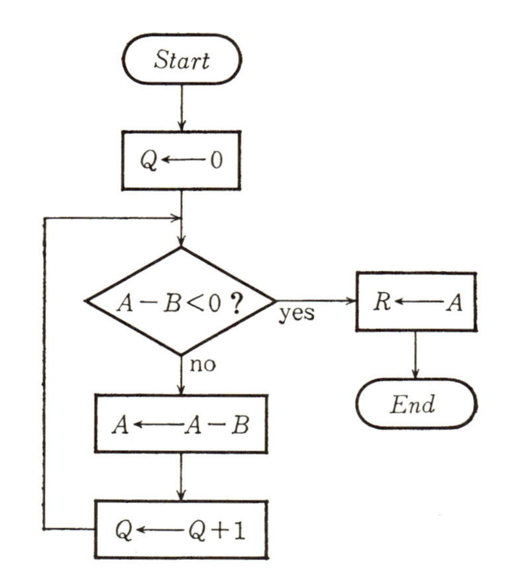

```
Start  load          C      ) Q ←— 0
       store         Q      )
Loop   load          A      )
       subtract      B      ) A−B < 0?
       jump minus    Last   )
       store         A      ) A ←— A−B
       load          Q      )
       add           D      ) Q ←— Q+1
       store         Q      )
       jump          Loop
Last   load          A      ) R ←— A
       store         R      )
End    stop
A      980
B      29
Q      0
R      0
C      0
D      1
```

A より B を引けるだけ引き，1回引けるごとに商 Q を1つずつ大きくすればよいわけである．このプログラムは最初に Q に0が入っていたので，$Q \leftarrow 0$ を実行する必要はなかった．しかし安全のためと，流れ図と合わすために2つの命令を入れた．通常は Q に何が入っているかわからないので初期化したわけである．C や D の内容は0と1であるから C や D という名前よりも内容がわかりやすい *Zero*, *One* という名前の方がよいであろう．——

例　$A \leftarrow 1+2+3+\cdots+100$ のプログラムを作れ．

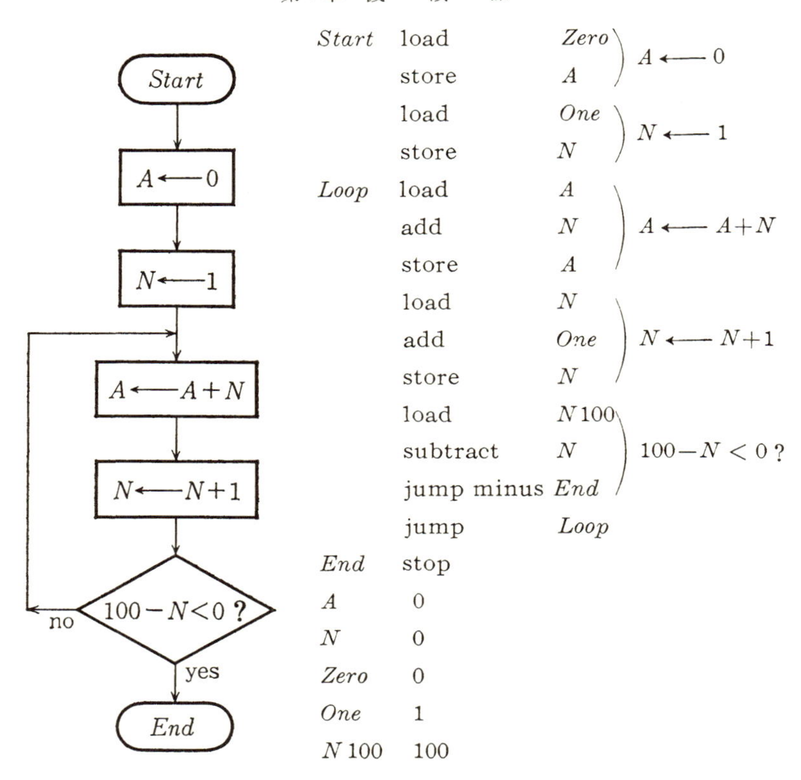

最初 A には 0 を入れておく．N の値は 1, 2, 3, …, 100 と変化する．この値を A に順に加えていけばよいわけである．*Loop* に戻るたびに N の値は 1 つずつ大きくなってゆくわけである．

§4 入 出 力

計算機の外部からの情報を計算機に伝えるには入力命令を使う．また，計算した結果などを外部へ知らせるには出力命令を使う．入力命令と出力命令は大切な命令だけれど，いろいろめんどうなことが多いので，ここでは電動タイプライターを想像してほしい．タイ

電動タイプライター

表 8.1

コード	文字	コード	文字	コード	文字
13	↩	54	6	76	*L*
32	␣	55	7	77	*M*
40	(	56	8	78	*N*
41	)	57	9	79	*O*
42	*	61	=	80	*P*
43	+	65	*A*	81	*Q*
44	,	66	*B*	82	*R*
45	−	67	*C*	83	*S*
46	.	68	*D*	84	*T*
47	/	69	*E*	85	*U*
48	0	70	*F*	86	*V*
49	1	71	*G*	87	*W*
50	2	72	*H*	88	*X*
51	3	73	*I*	89	*Y*
52	4	74	*J*	90	*Z*
53	5	75	*K*		

プのキーは有限個しかないから，通し番号をつけることができる．番号をつけることを**コード化**するという．コード化の方法はいくつもあるが，世界共通のコード化の方法として**アスキーコード**というものがよく用いられる．アスキーコードの一部を表 8.1 に示した．

記号 ↩ は改行復帰を意味する．改行復帰は“改行し，次に打つべき文字の位置を行の最初にする”働きである．これは文字ではないが，やはりコード化しておく．また記号 ⊔ はスペースを意味する．スペースとは文字を何も打たない空白な場所を 1 文字分だけ作ることであるが，これもコード化しておく．

さて入力命令 **read** M の説明をしよう．この命令はタイプのキーを 1 文字押したとき，そのコード化された値を M 番地に入れるようにする命令である．たとえば次の命令を実行し，タイプに AB ⊔ CD ↩ と打てば，結果は右のように変化する．つまり read U を実行しているとき，A というキーを押せば A に対応するコード 65 が U 番地に入るわけである．

Start	read U
	read V
	read W
	read X
	read Y
	read Z
End	stop

前		後	
U	0	U	65
V	0	V	66
W	0	W	32
X	0	X	67
Y	0	Y	68
Z	0	Z	13

次に出力命令について説明しよう．**write** M という命令は read M と逆な働きをする．つまり，ある文字のコードを M 番地に入れておくと，その文字をタイプする命令である．たとえば M 番地に 65 という数を入れておき，write M を実行すれば A という文字がタイプされるわけである．M に 13 を入れておき，write M を実行すれば，文字を印刷するのではなく改行復帰が行なわれる．たとえば 1+2=3 ⮐ と出力するには次のプログラムを作ればよい．

Start	write A
	write B
	write C
	write D
	write E
	write F
End	stop
A	49
B	43
C	50
D	61
E	51
F	13

ともかく入出力命令で大切なことは，有限個の種類の情報はそれをコード化することにより数に直し，計算機の中で処理できる，という点である．

§5　プログラム内蔵方式

すべての命令は，命令部と番地部に分けることができる．たとえば load M という命令の load は**命令部**，M は**番地部**と呼ばれている．単純計算機のすべての命令部は load，store，add，subtract，stop， jump, jump minus, read, write の9つだけである．よってこれらに通し番号1, 2, …, 9を付けることができる．つまり命令部をコード化できる．まとめると表8.2のようになる．

表8.2

コード	2進数	命　令
1	0001	load
2	0010	store
3	0011	add
4	0100	subtract
5	0101	stop
6	0110	jump
7	0111	jump minus
8	1000	read
9	1001	write

命令部のコードを2進法で表わすと，4ビットで表わすことができる．また単純計算機の記憶装置は0番地より4095番地までであったので，番地部は12ビットで表わすことができる．よって，たとえば load M という命令は load を4ビットすなわち0001で，M を12ビットで表わせるので合わせて16ビット，つまり1語で表わすことができる．よって load M を1語で表わし，記憶装置に記憶できるわけである．つまり図8.3のようになる．M 番地＝5番地ならば load M は load 5 であり

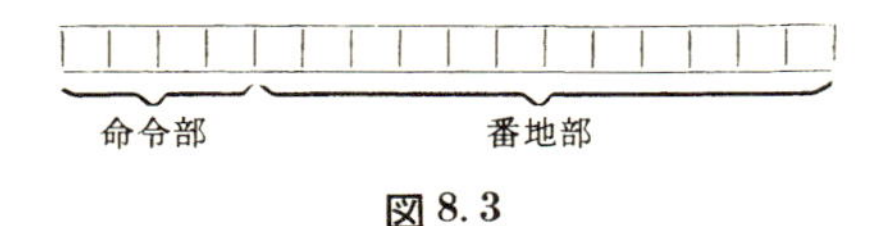

図8.3

$$\text{load } 5 = 0001000000000101$$

と記憶される．最初の4ビットが load を表わし，次の12ビットが5を表わしているわけである．load 5 は5という値を ACC に持ってくるのではない．5番地の内容を ACC に持ってくる命令である．

このようにプログラムを記憶装置に記憶する方式を**プログラム内蔵方式**という．たとえば0番地より次のプログラムがあったとする．

番地		
0	*Start*	load *A*
1		add *B*
2		store *C*
3		stop *Start*
4	*A*	20
5	*B*	15
6	*C*	0

すると次のように16ビットにしまわれる．

番地	命令部	番地部	
0	0001	000000000100	命令
1	0011	000000000101	
2	0010	000000000110	
3	0101	000000000000	
4	0000	000000010100	データ
5	0000	000000001111	
6	0000	000000000000	

A 番地＝4 番地 なので load A＝load 4 であり，4番地の内容＝20 であるから load 4 を実行すると ACC＝20 となる．最初の4ビット 0001 が load を表わし，次の12ビット 000000000100 が4を表わしている．同様に B 番地＝5番地 であるから add B＝add 5 となり，5番地の内容が15であるから，この命令を実行すると ACC＝35 となる．次に C 番地＝6番地 であるから store C を実行すると6番地の内容は35となる．次に stop *Start* であるが *Start* 番地＝0番地であるから stop *Start*＝stop 0 である．これは stop と同じ命令である．正確に言うと stop M は計算機は止まるが，止まってから計

算機についている操作盤のスタートボタンを手で押すと，M番地に入っている命令から順に実行を再開することを意味する．よって stop 0 を実行すると，計算機は止まるがスタートボタンを押すと再び 0 番地より同じプログラムを実行する．

このようにすべての命令は 16 ビットで表わされる．上の桁の 4 ビットで命令部を，下の 12 ビットで番地部を表わすわけである．

さて 16 ビットが 0001000000000100 となっていたとき，これを命令と思えば load 4 となる．しかし数値だと思えば $2^{12}+2^2=4096+4=4100$ という値である．ではこの 16 ビットが命令を表わしているか，数値を表わしているか，どのように見分けたらよいだろうか．実は見分けることはできない．同じ 16 ビットでも，あるときは命令として扱われ，あるときは数値として扱われる．次のプログラムを考えてみよう．このプログラムを実行すると A には何が入るだろうか．

番地		内　容
0	*Start*	load　*M*
1		add　*One*
2		store *M*
3	*M*	load　*N*
4		store　*A*
5		stop　0
6	*N*	5
7	*One*	1
8	*A*	0

このプログラムを計算機の中に記憶すると，次のようになる．

番地	内　容
0	0001000000000011
1	0011000000000111

2	0010000000000011
3	0001000000000110
4	0010000000001000
5	0101000000000000
6	0000000000000101
7	0000000000000001
8	0000000000000000

まず load M を実行すると ACC には 3 番地の内容である 0001000000000110 が入る．次に add One とすると 7 番地の内容である 1 が ACC に加えられる．よって ACC は 0001000000000111 となる．ACC にある 16 ビットを数だと思って 1 を加えたわけである．次に store M を実行すると 3 番地は 0001000000000111 となる．この 16 ビットを命令だと思うと load 7 となる．よって次に，3 番地の命令を実行すると load 7 を実行することになる．プログラムを実行する前は load 6 と書かれていたが，命令の番地部が変化したのである．よって load 7 で ACC は 1 になり，次に store A で A の内容は 1 となる．このように命令を 16 ビットの数値として扱うこともできるわけである．

次に命令の命令部を変化させるプログラムを作ろう．

番地		内　容
0	$Start$	load　M
1		add　$N4096$
2		store M
3	M	load　A
4		jump $Start$
5	$N4096$	4096
6	A	0

このプログラムを実行するとどうなるだろうか．まず記憶装置にどのように記憶されるか，書いてみよう．

番地	内　容
0	0001000000000011
1	0011000000000101
2	0010000000000011
3	0001000000000110
4	0110000000000000
5	0001000000000000
6	0000000000000000

まず load M を実行すると M 番地＝3 番地であるから ACC は 3 番地の内容，つまり 0001000000000110 となる．次に add N 4096 を実行すると，N 4096 番地の内容は 2^{12}＝4096 であるので ACC は0010000000000110 となる．store M を実行すると，3 番地は 0010000000000110 となる．これは命令だと思うと store 6 である．よって 3 番地の命令を実行するということは store 6 を実行することとなる．load 6 を実行するのではない．このように命令部が変化することもある．さらにこのプログラムを実行すると 0 番地にもどり，同様に 3 番地の命令部を作り変えてゆく．3 番地は load 6→store 6→add 6→subtract 6→stop 6 と変化してゆく．そして stop 6 になったとき，この命令を実行して計算機は止まる．まことに奇妙なプログラムである．

§6　添字の扱い方

記憶装置の A 番地より順に 100 個のデータ A, $A1$, $A2$, …, $A99$ があったとする．Ai 番地は A 番地より i 番地先を意味しているつもりである．さて，これら 100 個の合計を B に入れるプログラムを作りたい．どうしたらよいだろうか．原始的なプログラムは次のようになる．

```
Start   load  A   ┐
        add   A1  │
        add   A2  │ 100行
          ⋮       │
        add   A99 ┘
        store B
        stop
B       0
A       −58       ┐
A1      −95       │
⋮                 │ 100個のデータ
A99     9812      ┘
```

つまりプログラムは100行ほど同じような命令を書かねばならない．これでは大変であるからプログラム内蔵方式を利用して，命令の番地部を1つずつ大きくすることを考えよう．99回番地部を作り変えればよいので，次頁のような流れ図およびプログラムとなる．

このプログラムが0番地より順に記憶されているとしよう．すると $A1$ 番地は18番地となる．よって3行目の load $A1$ は

0001 0000 0001 0010

と記憶されている．6行目の load M を実行すると ACC は

0001 0000 0001 0010

となり，7行目の add One を実行すると ACC は

0001 0000 0001 0011

となる．この16ビットを命令だと思うと load 19 となる．つまり実質的には load $A2$ となる．よって8行目の store M を実行すると，3行目は load $A2$ となる．今までの load $A1$ は消され，load $A2$ に

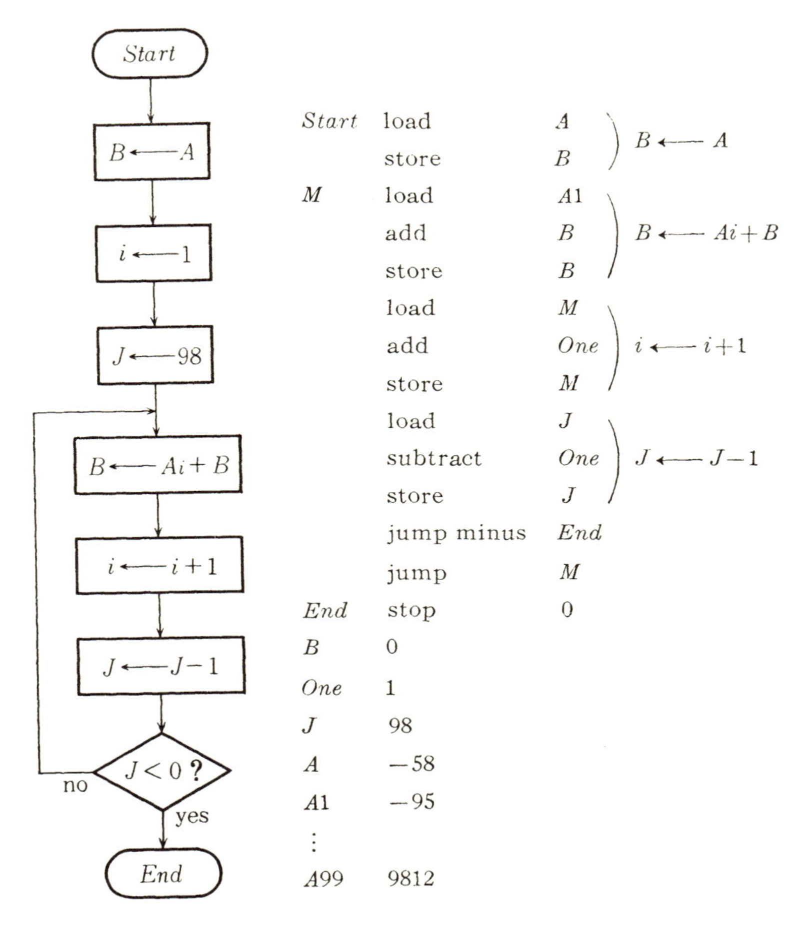

替わったのである．よって13行目 jump M の次に実行される命令は load $A2$ である．load $A1$ ではない．このようにこのプログラムの6行目より8行目までが要点である．この3つの命令で3行目の命令の番地部を1つ大きくしているわけである．プログラム内蔵方式だからこそこのような芸当ができるわけである．プログラムがプログラム自身を作り変えていくのは面白いことである．

§7　サブルーチン

長いプログラムの中には同じような動作をする部分が繰り返し現われることが多い．たとえば，単純計算機での基本命令では加法と減法しかできないから，自然数 A, B に対し $C \leftarrow A \times B$ を行なうにはいくつかの基本命令で組み立てなければならない．しかもこのような乗法が何回も必要となる．つまり長いプログラムが図 8.4 のようになっていることがある．このとき繰り返し現われる部分を何回も書かずに，1 回だけですますことができる．

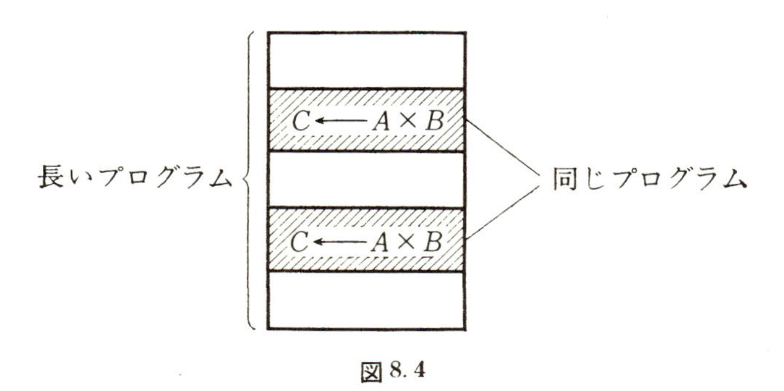

図 8.4

その方法は，何回も現われる部分をサブルーチンの形にすればよい．**サブルーチン**とは，まとまった働きをする命令の集まりで，しかもプログラムの流れが図 8.5 のようにできる部分である．つまり長いプログラムの中で $C \leftarrow A \times B$ を行ないたいとき，このサブルーチンへ jump する．サブルーチンは $C \leftarrow A \times B$ を実行し，元のプログラムにもどる．もどる場所はサブルーチンへ jump した次の行である．このようになれば jump *Sub* と書くだけで $C \leftarrow A \times B$ を実行し，次の行に進んでくれる．

さて，サブルーチンよりもどるとき，jump した次の行にもどるには単純計算機では少し工夫が必要である．しかし，図 8.6 のようにプログラム内蔵方式を使えば可能である．つまり，サブルーチン

主プログラム 1
jump Sub
①
Sub
(C ← A×B)
Return jump 0
サブルーチン
②
主プログラム 2
③
jump Sub
④
主プログラム 3
長いプログラム

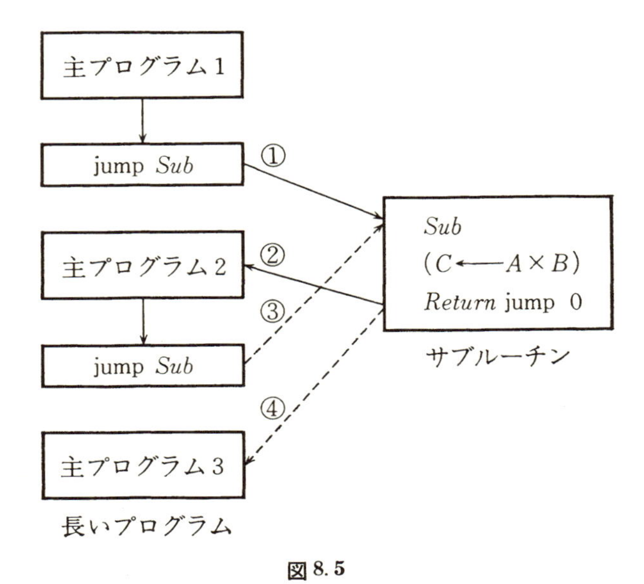

図 8.5

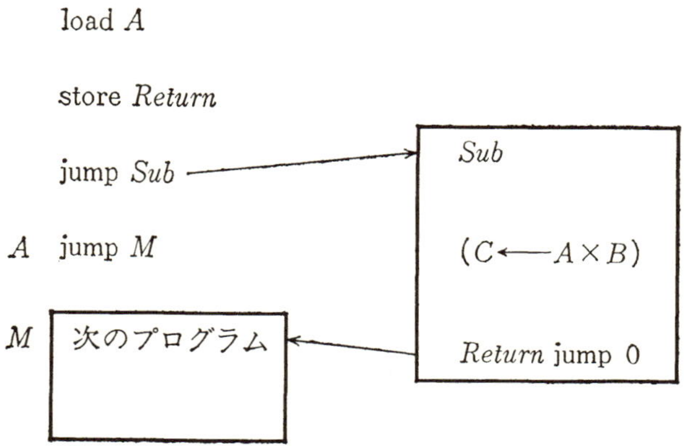

load A
store Return
jump Sub
A jump M
M 次のプログラム
Sub
(C ← A×B)
Return jump 0

図 8.6

の中で一通りの動作が終ったときたどりつく番地が *Return* と書かれた所だったとする．たとえば次のようにになっていたとする．

```
Sub      load         A
         store        C
         load         B
         subtract     Two
Loop     store        B
         jump minus   Return
         load         C
         add          A
         store        C
         load         B
         subtract     One
         jump         Loop
Return   jump         0
```

このプログラムは $C \leftarrow A+A+\cdots+A$ (B 回) となるように作られている．最初 C には A を入れる．B がたとえば 4 のとき，あと 3 回 A を C に加えればよい．$B-2=2$ であるから，この値より 3 回 1 を引くとマイナスになる．つまり A が 3 回 C に加えられ *Return* へ進む．よって $C \leftarrow A \times B$ となる．このサブルーチンを実行し，もどるとき，0 番地へ jump するのは困る．M 番地へもどってほしいときは，サブルーチンへ飛ぶまえに jump M という命令を *Return* と書かれた番地へ埋め込んでおけばよい．jump M という命令といっても 16 ビットで表わされているわけだから，その命令を load し，store 命令で埋め込めばよい．このようにプログラム内蔵方式では面白い工夫が可能である．

§8 制御装置

計算機は制御装置の働きにより自動的に動くことができる．この節では制御装置がどのように働くか，簡単にまとめてみよう．

まず，制御装置の中には**プログラムカウンタ**(program counter, 略して ***PC***)と呼ばれる12ビットよりできているレジスタがある．**レジスタ**とは *ACC* のようにいろいろなデータを一時的に記憶できる場所である．*PC* は12ビットあるので，0より4095までの数が表わせる．よって，記憶装置の番地を指し示すことができる．

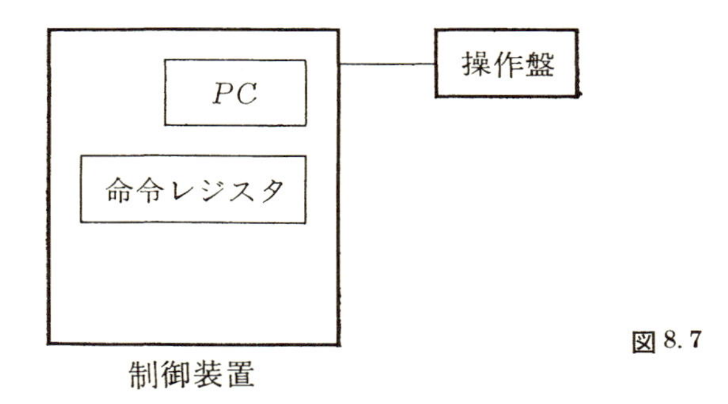

図 8.7

制御装置には人間の手で操作することのできる操作盤がついている．操作盤のスイッチを適当に押すことにより *PC* の値を定めることができる．次に操作盤のスタートボタンを押すと，そのあとは制御装置は自動的に次のように動き出す．

① まず *PC* の値を見てその値の番地にある1語の内容を制御装置の中の16ビットよりできている**命令レジスタ**に持ってくる．

② *PC* の値を1つ増やす．

③ 命令レジスタの上4ビットを分析し，どの命令か調べる．

④ 命令レジスタの下12ビットを利用し，命令を実行する．つまり次のようにする．

(イ) load *M* 命令ならば *M* 番地の内容を *ACC* へ持ってくる．

(ロ)　store M 命令ならば ACC の内容を M 番地へ持っていく.

(ハ)　add M 命令ならば ACC の内容と M 番地の内容を演算装置の中で加え，結果を ACC へ入れる.

(ニ)　subtract M 命令ならば，ACC の内容より M 番地の内容を演算装置の中で引き，結果を ACC へ入れる.

(ホ)　stop M 命令ならば，M そのものを PC に入れ，計算機を止める.

(ヘ)　jump M 命令ならば，M そのものを PC に入れる.

(ト)　jump minus M 命令ならば，ACC の符号ビットが 1 のときは M そのものを PC に入れ，符号ビットが 0 のときは何もしない.

(チ)　read M 命令ならば，入力コードを M 番地に入れる.

(リ)　write M 命令ならば，M 番地の内容を出力コードとして出力する.

⑤　次に①にもどる.

たとえば次のようになっていたとしよう.

PC　| 0000 0000 0000 |

番地			
0	*Start*	load	*A*
1		jump minus	*M*
2		jump	*End*
3	*M*	load	*Zero*
4		subtract	*A*
5		store	*A*
6	*End*	stop	0
7	*A*	15	
8	*Zero*	0	

操作盤のスタートボタンを押すと $PC=0$ であるから0番地の内容を命令レジスタに持ってくる(①)．そして $PC=1$ と変わる(②)．次に load A を実行すると $ACC=15$ となる(③, ④)．次に①にもどる．このとき $PC=1$ であるから1番地の内容を命令レジスタにもってくる(①)．$PC=2$ と変わる(②)．次に $ACC=15\geqq 0$ であるから何もしない(③, ④)．次に①にもどる．このとき $PC=2$ であるから2番地の内容を命令レジスタに持ってきて $PC=3$ となる(①, ②)．次に jump *End* の実行であるが，*End* そのものは6であるから $PC=6$ とする(③, ④)．次に①にもどる．このとき $PC=6$ であるから6番地の内容を命令レジスタに持ってきて $PC=7$ となる(①, ②)．次に stop 0 の命令を実行するわけだが，まず $PC=0$ とし，次に計算機は止まる(③, ④)．このようにしてプログラムは実行される．jump *End* のとき，単に $PC=6$ と変えればよいことに注意してほしい．PC には次に実行すべき命令の番地が入っているから，PC の値は通常は1つずつ増える(②)．これはプログラムの初めより1行ずつ順に実行することを意味する．④の段階で PC の値を変えることは，プログラムの流れを変えることを意味する．つまり，次にはその番地へ jump するわけである．

制御装置は以上のように，PC や命令レジスタ，ACC の内容により定まった動作を行なう．制御装置に知能があり，考えながら全体に指令を出しているわけではない．このような状態のときにはこのような行動をせよ，という例外のない規則に従って一歩一歩進んでゆくにすぎない．もちろん例外のない規則は，人間が計算機を作る段階で定まっているものである．制御装置のより具体的な動きは，第10章で計算機の模型を作り，説明しよう．

練習問題

1. 次の計算を行なうにはどうしたらよいか(§2).

(イ)　$D \longleftarrow A+B-C$

(ロ)　$D \longleftarrow A-B-C+D$

(ハ)　$D \longleftarrow 2A-3B+C$

(ニ)　$D \longleftarrow 16A$

2. A 番地の内容と B 番地の内容を交換するプログラムを作れ(§2).

3. A と B の大きい方を C に入れるプログラムを作れ(§3).

4. 自然数 A, B に対して，最大公約数を求めるプログラムを作れ(§3).

5. $(N+1)^2=N^2+2N+1$ を利用して $A \leftarrow 1^2+2^2+\cdots+40^2$ のプログラムを作れ(§3).

6. §4の最初の入力プログラムにおいて，12345⮐ とキーを順に押すと U, V, W, X, Y, Z にはどのような値が入るか.

7. $KAZU$⮐ と出力するプログラムを作れ(§4).

8. 0番地より次のプログラムがあったとき，計算機の中にどのように記憶されるか(§4).

番地			
0	*Start*	load	A
1		jump minus	M
2		stop	*Start*
3	M	subtract	A
4		subtract	A
5		store	A
6		stop	*Start*
7	A	-15	

9. $A-A1+A2-A3+\cdots+A98-A99$ を B に入れるプログラムを作れ(§6).

第 9 章
論理回路

§1 *AND, OR, NOT*

電子計算機を構成している回路の働きを説明するために，現実には使われていないが，原理を理解するためにわかりやすいリレー回路を考えよう．**リレー回路**は電磁石よりできている回路である．たとえば次のスイッチを考えよう．

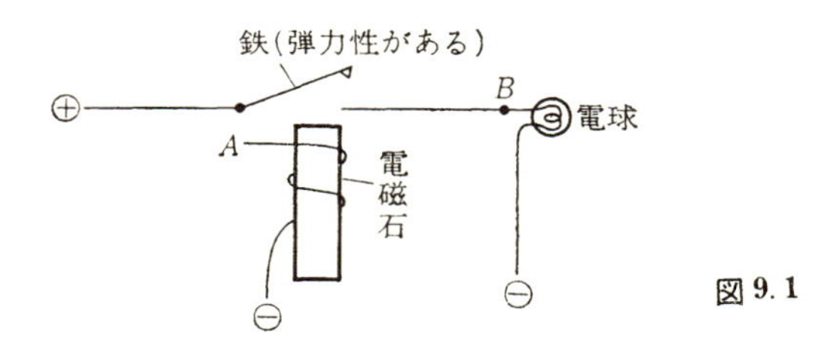

図 9.1

A にプラスの電気を流せば，電磁石の力で鉄を引きつける．引きつけるとスイッチが付き，電球が光る．つまり点 B の電圧がプラスになる．逆に A をマイナスにすると電磁石に電気が流れず，よって鉄を引きつける力がなく鉄の弾力性によりスイッチが切れ，電球が消える．つまり点 B の電圧がマイナスになる．プラスの電圧に 1 を対応させ，マイナスの電圧に 0 を対応させよう．すると A を 1 にすれば B が 1 になり，A を 0 にすれば B も 0 になる．

次に図 9.2 のような回路を考えてみよう．この回路において，電球を光らせるためには A と B を同時にプラスにしなければならな

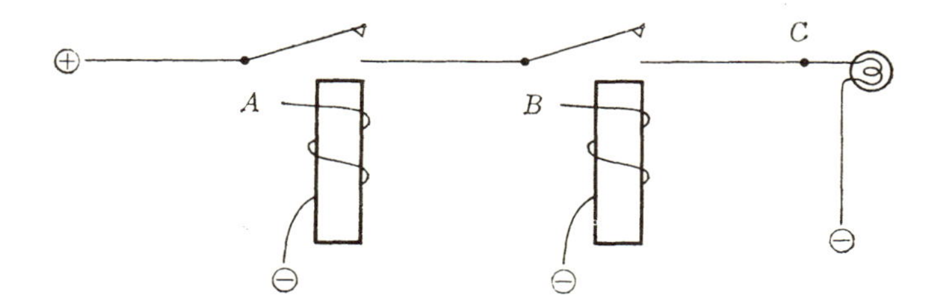

図 9.2　*AND* 回路

い．片方だけプラスでもだめである．プラスを 1 と思えば A と B が同時に 1 のときのみ C が 1 になる．まとめると表 9.1 のようになる．このような回路を**論理積**回路または ***AND*** 回路という．

表 9.1　*AND*

A	B	C
0	0	0
0	1	0
1	0	0
1	1	1

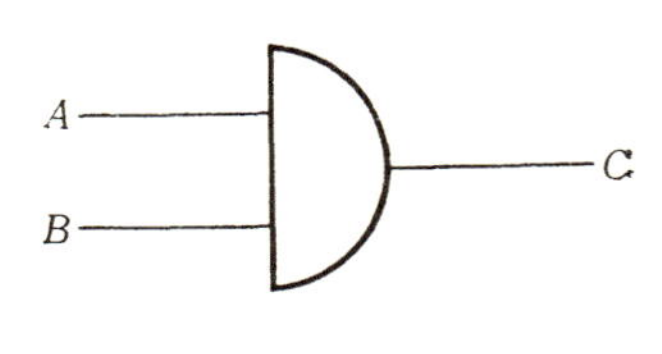

図 9.3　*AND* の記号

論理的に言い替えると 1 に対して真を，0 に対して偽を対応させると，A および B が真のときのみ C が真になるわけである．A と B が定まれば C が定まるので，*AND* 回路として図 9.3 のような記号を

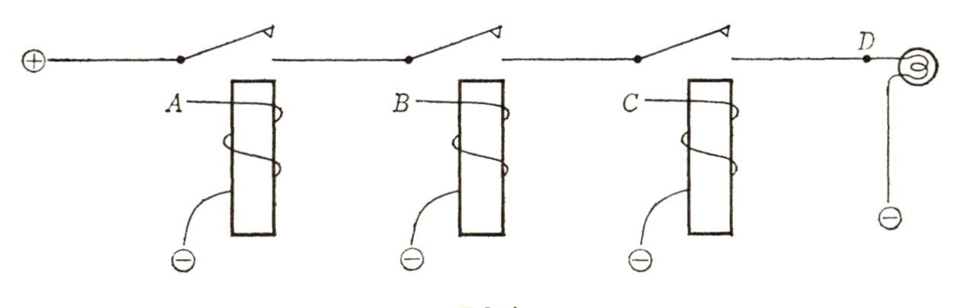

図 9.4

用いる．A および B より 1 または 0 の電気が入力すると，C へ 1 または 0 の電気が出力されるわけである．3 つ以上電磁石をならべることも考えられる(図 9.4)．電球が光るのは A, B, C 共にプラスのときのみである．この回路の記号は図 9.5 とする．

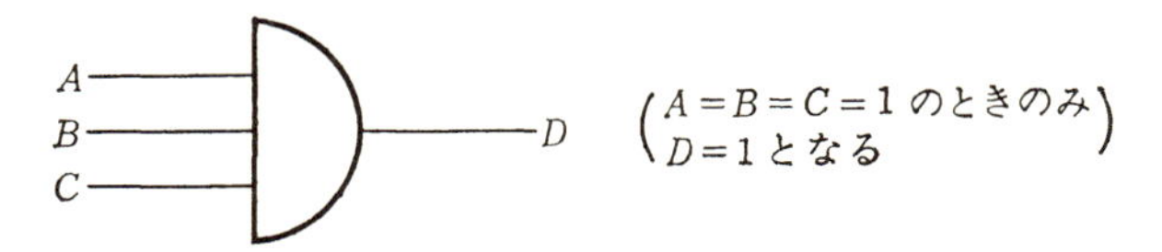

図 9.5

このように直列に電磁石をつなげれば AND 回路となったが，図 9.6 のように並列に電磁石を並べるとどうなるだろうか．この場合，A または B のどちらかをプラスにすれば，電球が光る．もちろん A, B 同時にプラスにしても電球は光る．

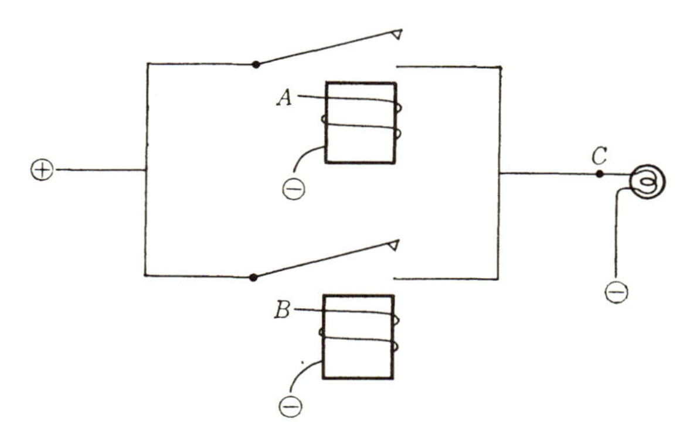

図 9.6 OR 回路

このような回路を**論理和**回路または ***OR*** 回路という．論理的に言えば A または B どちらかが真ならば，C が真となるわけである．まとめると表 9.2 のようになる．OR 回路の記号は図 9.7 である．AND 回路と似ているが，半円の中まで A, B の線が伸びているのでそれだけ C が 1 になりやすい，と覚えるとよい．この記号は A と

表 9.2　*OR*

A	*B*	*C*
0	0	0
0	1	1
1	0	1
1	1	1

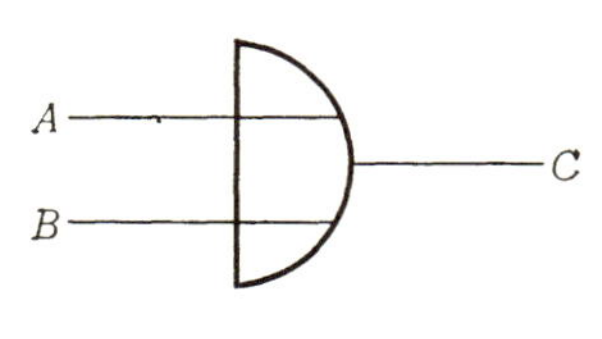

図 9.7　*OR* の記号

B が入力で C が出力である．*AND* 回路と同様に 3 つ以上並列に電磁石を並べた回路もある(図 9.8)．A, B, C のうち，1 つでもプラスにすれば，電球は光る．そのときの記号も入力側が 3 本以上になるだけである(図 9.9)．

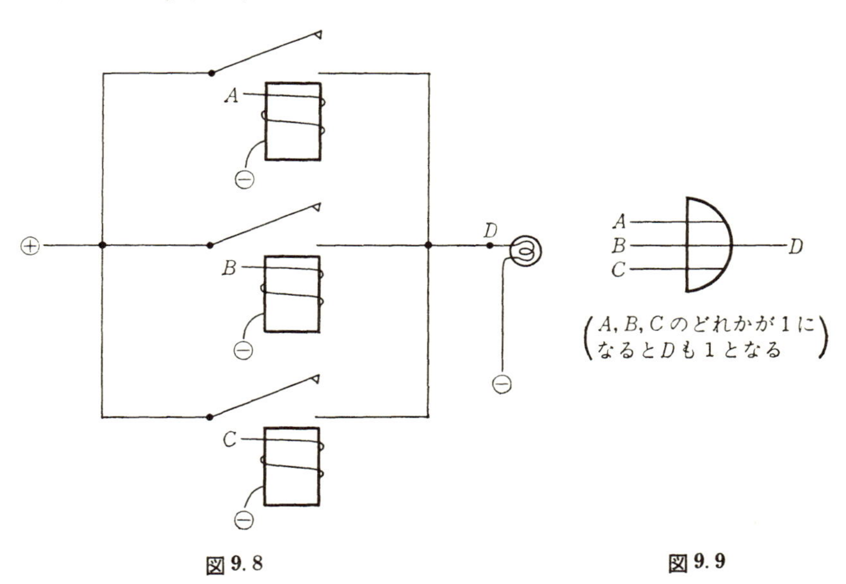

図 9.8　　　図 9.9

今までとは逆のスイッチも考えられる．図 9.10 において，A にプラスの電圧を加えると電磁石が働き，鉄片を引きつける．するとこのスイッチは切れて電球は消える．逆に A をマイナスの電圧に

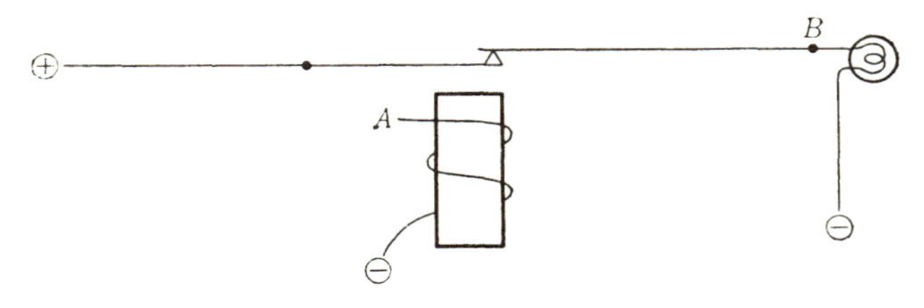

図 9.10　*NOT* 回路

すると，電磁石の働きはなくなる．すると鉄片の弾力性により元にもどり，スイッチは付き，電球は光る．つまり A をプラスにすれば B はマイナスになり，A をマイナスにすれば B はプラスになる．このような回路を**否定**回路または ***NOT*** 回路という．プラス＝1＝真，マイナス＝0＝偽 と対応させると，A が真ならば B は偽，A が偽ならば B は真となるわけである．まとめると表 9.3 となる．

表 9.3　*NOT*

A	B
0	1
1	0

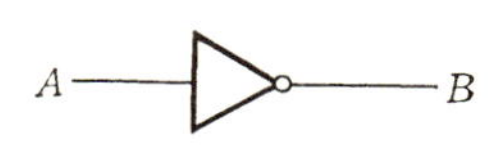

図 9.11　*NOT* の記号

NOT 回路を記号で表わすと図 9.11 のようになる．A より入力して逆の値が B へ出力される記号である．

§2　論理回路

原理的には計算機のすべての回路は *AND* 回路，*OR* 回路，*NOT* 回路よりできている．よってこれらを組み合わせたらどのような働きをするか調べよう．

まず図 9.12 の回路を考えよう．この左の図には *NOT* 回路が 1 つ入っているが，これは右の図のように略記される．つまり ○ 印が *NOT* 回路を意味する．この回路を電磁石を用いて書くと図 9.13

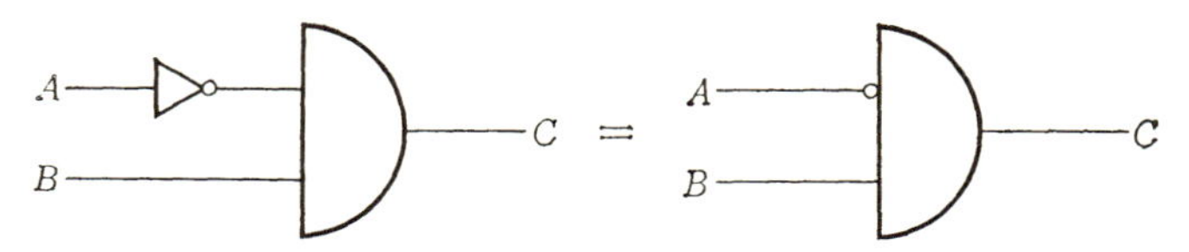

図 9.12

のようになる．あるいは図 9.14 でも同じ働きをする．さて，電球が光るのはどのような場合だろうか．図 9.12 で考えれば，*AND* 回路に入力する直前の値が共に 1 のときのみ C が 1 となる．A は一度 *NOT* 回路を通って *AND* 回路に入っているので，$A=0$, $B=1$ のときのみ C が 1 となる．記号で考えるより具体的に図 9.13，図 9.14 で考えた方がわかりやすいかも知れない．しかし記号の方が本質的な部分のみを表わしているので，なれると見通しがよい．

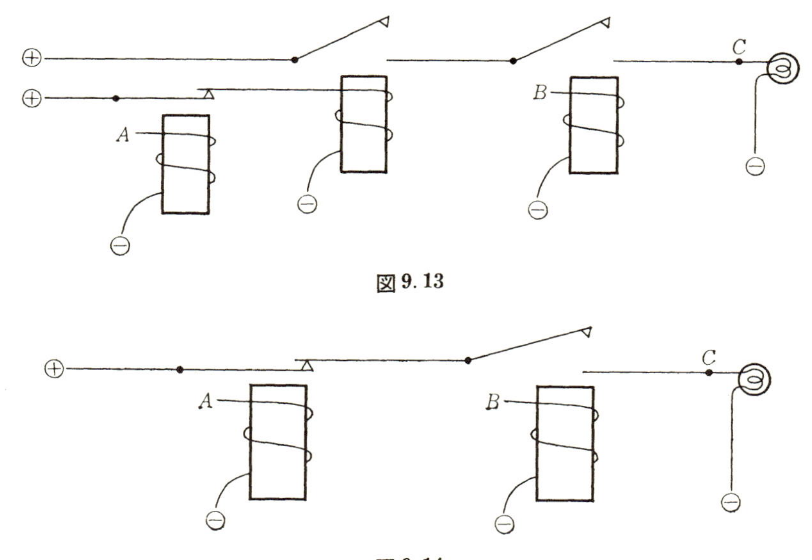

図 9.13

図 9.14

では次に図 9.12 を 2 つ用いた次の回路を考えよう．図 9.15 と図 9.16 は同じものである．ただ *NOT* 回路を ○ 印だけに略記したも

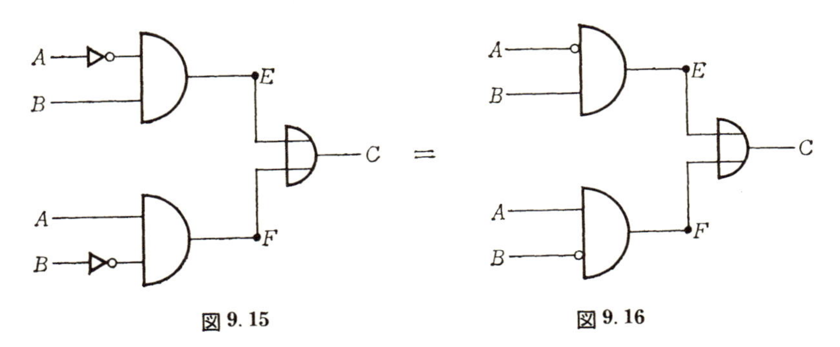

図 9.15　　図 9.16

のである．この回路で E が 1 になるのは今までの説明より $A=0$, $B=1$ の場合のみである．同様に F が 1 になるのは $A=1$, $B=0$ のときのみである．E または F が 1 のとき，C は 1 になるので，$C=1$ になるのは $A=0$, $B=1$ または $A=1$, $B=0$ のときである．表を作ってみよう(表 9.4)．結果は A の値$\neq B$ の値 のときのみ $C=1$ となる．

表 9.4

A	B	E	F	C
0	0	0	0	0
0	1	1	0	1
1	0	0	1	1
1	1	0	0	0

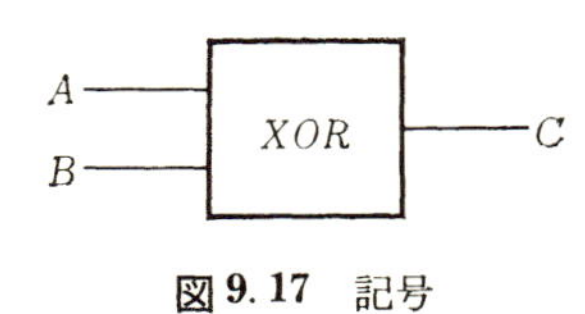

図 9.17　記号

このような回路を**排他的論理和**(exclusive or, 略して ***XOR***)回路といい，図 9.17 のような記号を使う．

以上は回路を作ってから，結果がどうなるか考えた．では逆に結果がこうなってほしい，という希望値をはじめに与え，その通りになる回路は作れないだろうか．たとえば A, B の 4 通りの組み合せに対して表 9.5 になるような回路は作れないだろうか．次のように

表 9.5

A	B	C＝答
0	0	1
0	1	1
1	0	1
1	1	0

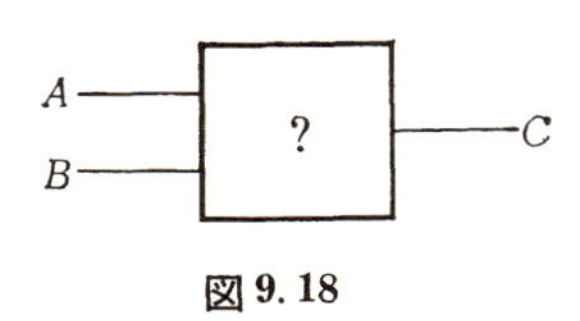

図 9.18

考えれば，必ず可能なことがわかる．

まず $C=1$ となってほしい A, B の組み合せを見る．$A=B=0$ のとき，$C=1$ となってほしいので，このような回路を考えると図 9.19 のようになる．同様に $A=0$，$B=1$ のときのみ $C=1$ となる回路は図 9.20 となり，$A=1$，$B=0$ のときのみ $C=1$ となる回路は図 9.21 となる．

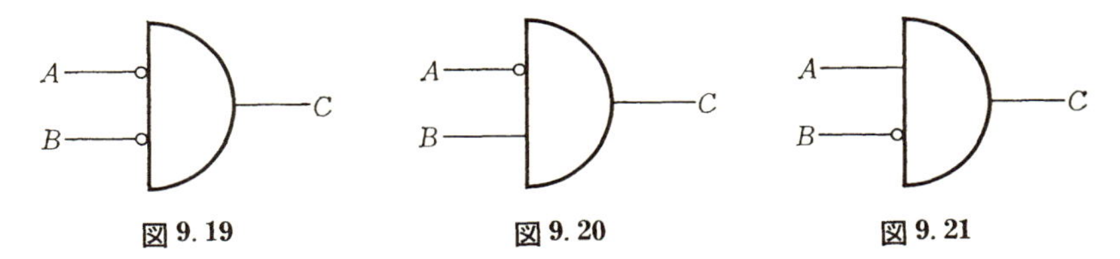

図 9.19　図 9.20　図 9.21

この 3 つの組み合せに対して $C=1$ となるようにするには，OR 回路を図 9.22 のように用いればよい．このように考えれば，特に頭を使うことなく回路を作り上げてゆくことができる．もちろん，この場合は少し頭を使い，図 9.23 という単純な回路が考えられるが，以後一般的な，そして頭を使わずに自動的に得られる図 9.22 のような回路を主に考えよう．

次に 2 進法の 1 桁の足し算を考えてみよう．A, B を 0 または 1 としたとき，$A+B$ の答(S)および桁上り(C)がどのようになるか，表 9.6 を作ってみよう．この表より桁上りと答は AND 回路と，排

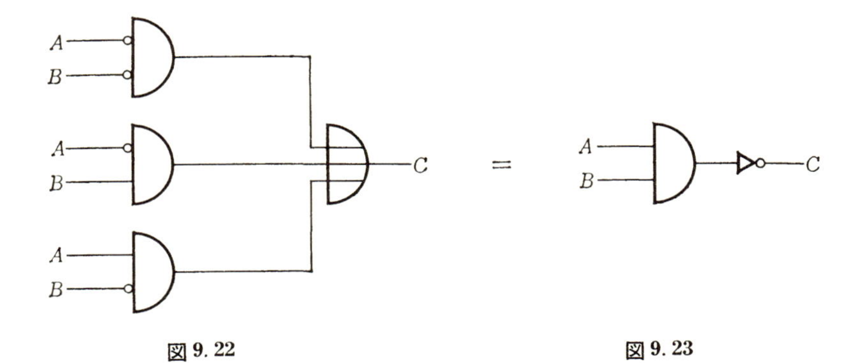

図 9.22　　図 9.23

表 9.6

A	B	$A+B$	桁上り	答
0	0	0	0	0
0	1	1	0	1
1	0	1	0	1
1	1	2	1	0

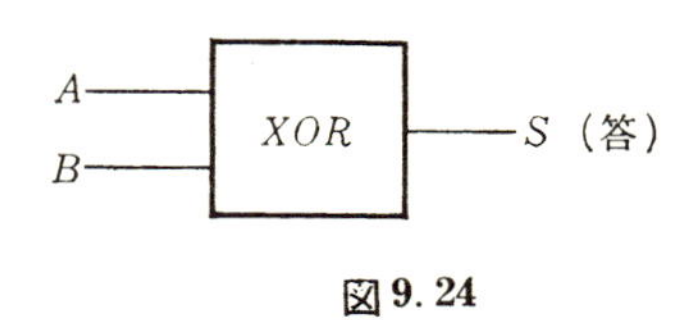

図 9.24

表 9.7

A	B	C	$A+B+C$	桁上り	答
0	0	0	0	0	0
0	0	1	1	0	1
0	1	0	1	0	1
0	1	1	2	1	0
1	0	0	1	0	1
1	0	1	2	1	0
1	1	0	2	1	0
1	1	1	3	1	1

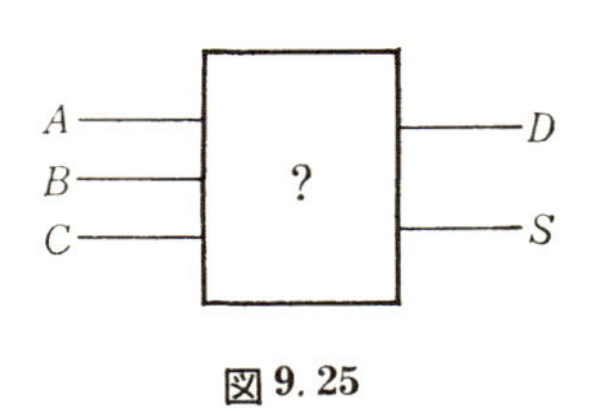

図 9.25

他的論理和回路でできることがわかる．では下の桁よりの桁上り(C)があるとき，A と B に C を加えた答(S)および桁上り(D)はどのようになるだろうか．まず表 9.7 を作ってみよう．答(S)を得るにはどのような回路を作ったらよいだろうか．$S=1$ となるのは 4 通りある．まず $A=B=0$, $C=1$ のとき $S=1$ となってほしいので図 9.26 の回路が思いつく．A, B は NOT 回路で反転するので，$A=B=0$, $C=1$ のときのみ AND 回路の直前ですべてが 1 となるわけである．同様に $A=0$, $B=1$, $C=0$ のときのみ 1 となる回路は図 9.27 となり，$A=1$, $B=C=0$ のときのみ 1 となる回路は図 9.28 となり，$A=B=C=1$ のときのみ 1 となる回路はもちろん図 9.29 である．

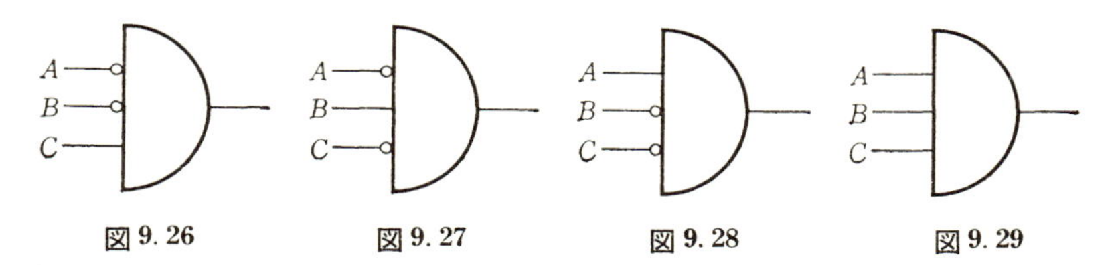

図 9.26　　図 9.27　　図 9.28　　図 9.29

これら 4 つの場合のみに 1 になるようにするには OR 回路で結べばよい．OR 回路は入力するどれかが 1 のとき，出力が 1 となるからである．よって，S を得る図 9.25 のブラックボックスの中身は図 9.30 のようにすればよい．

同様に桁上り(D)を得る回路は図 9.31 でよいことはすぐわかるであろう．図 9.30 と図 9.31 を合わせて**全加算器**(full adder, 略して ***FA***)と呼び，図 9.32 のような記号で表わす．

ともかく，AND, OR, NOT 回路を組み合わせれば，0 または 1 を出力するどのような回路も作れることを理解してほしい．AND と NOT で 1 になる組み合せを作り，OR でまとめれば良い．次にこれらを組み合わせて，実用的な回路を考えよう．

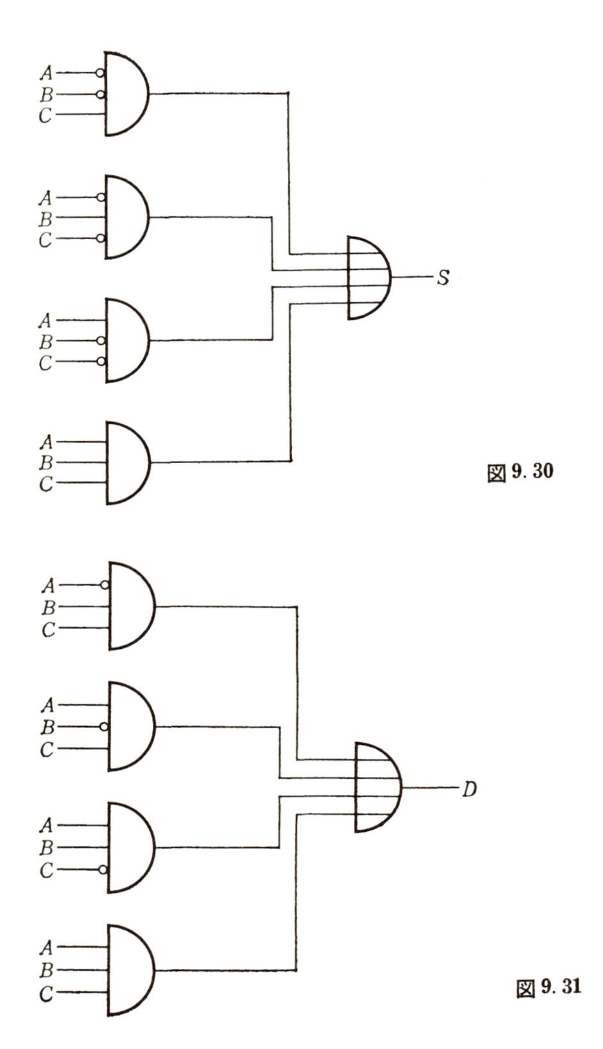

図 9. 30

図 9. 31

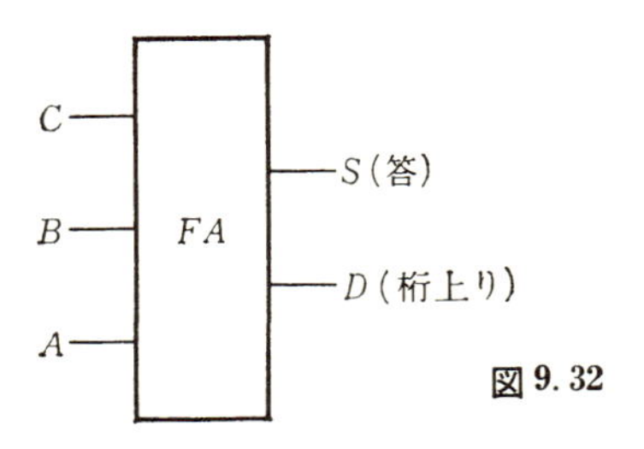

図 9.32

§3 演算回路

前節で全加算器について説明した．それは2進法の1桁の足し算を下からの桁上りを含めて計算する回路であった．では2桁以上の足し算はどうしたらよいだろうか．101_2+111_2 の計算を考えてみよう．まず1桁目の1と1を加え答は0，桁上りは1である．次に桁上りの1と0と1を加え，答が0となり桁上りが1となる．次に桁上りの1に1と1を加え，答が1となり桁上りが1となる．

$$\begin{array}{r} 101 \\ +\ 111 \\ \hline 1100 \end{array}$$

以上で計算が終る．つまり下の桁より計算してゆき，桁上りが0か1になるのでその値と次の桁の数を加えてゆけばよい．この1桁ずつの部分は全加算器でできる．よって2進法の4桁以内の2つの数

$$a_4a_3a_2a_1 = a_4\cdot 2^3+a_3\cdot 2^2+a_2\cdot 2+a_1, \quad a_i = 0 \quad \text{または} \quad 1$$

$$b_4b_3b_2b_1 = b_4\cdot 2^3+b_3\cdot 2^2+b_2\cdot 2+b_1, \quad b_i = 0 \quad \text{または} \quad 1$$

を加え

$$a_4a_3a_2a_1+b_4b_3b_2b_1 = s_4s_3s_2s_1$$

を得る回路は図 9.33 のように全加算器を4つ並べればよい．1桁目の加法においてはそれより下の桁よりの桁上りはないから，c_1 には0を入力する．すると答 s_1 および桁上り d_1 が得られる．d_1 は2

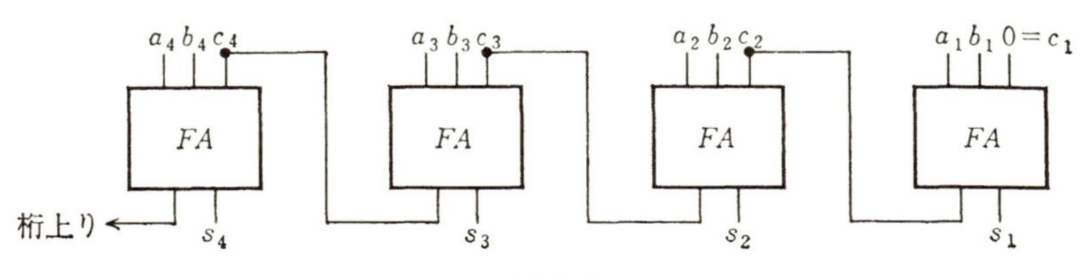

図 9.33

桁目への桁上りであるから，2桁目の入力側の c_2 へつなぐ．すると1桁目よりの桁上りと a_2 と b_2 が加えられ，答 s_2 と3桁目への桁上り d_2 が得られる．d_2 は3桁目の入力側の c_3 とつなぐ．これに a_3 と b_3 が加えられ，答 s_3 と4桁目への桁上り d_3 が得られる．d_3 は c_4 とつなぎ，それに a_4 と b_4 を加えれば計算が終了する．ただし $d_4=1$ となった場合は答は5桁となる．

1語は16ビットでできている．16ビットを2進法で表わされている数と思えば16桁以下の2進数が表わされる．いまこのような2つの数 a, b があったとする．このとき $s=a+b$

$$a = a_{16}a_{15}\cdots a_1, \qquad a_i = 0 \quad \text{または} \quad 1$$

$$b = b_{16}b_{15}\cdots b_1, \qquad b_i = 0 \quad \text{または} \quad 1$$

$$s = s_{16}s_{15}\cdots s_1, \qquad s_i = 0 \quad \text{または} \quad 1$$

を得るには全加算器を16個，図9.34のように用意すればよい．

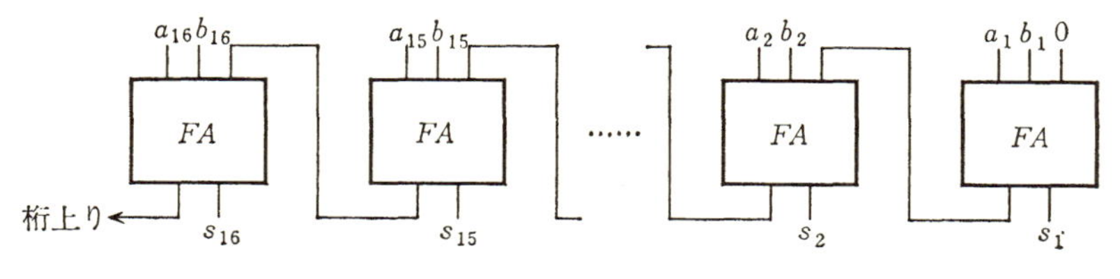

図 9.34

4桁の足し算の場合と同じ理由により $s=a+b$ の計算が正しく行なわれる．ただし16桁目よりの桁上り $d_{16}=1$ の場合は答は 2^{16} だけ

小さくなる．よって一般的には

$$s \equiv a+b \pmod{2^{16}}$$

となる．

さて1語を2進数だと思って表わされる数を a，2の補数表示だと思って表わされる数を a' とおけば

$$a \equiv a' \pmod{2^{16}}, \qquad -2^{15} \leqq a' < 2^{15}$$

となっている．同様に

$$b \equiv b' \pmod{2^{16}}, \qquad -2^{15} \leqq b' < 2^{15}$$

となっているとき

$$a'+b' \equiv a+b \equiv s \equiv s' \pmod{2^{16}}$$

となる．ただし図9.34で得られた16ビットを2進数だと思って得られる数を s とし，2の補数表示だと思って得られる数を s' とするわけである．よって $-2^{15} \leqq s' < 2^{15}$ であるから，もし $-2^{15} \leqq a'+b' < 2^{15}$ ならば，上記の合同式から正しく $s'=a'+b'$ が得られるわけである．なぜなら $-2^{15} \leqq x \leqq y < 2^{15}$ のとき $0 \leqq y-x < 2^{15}-(-2^{15})=2^{16}$ であるから $y \equiv x \pmod{2^{16}}$，つまり $y-x$ が 2^{16} で割れるのは $y=x$ 以外にないからである．このように2の補数表示だと思っても図9.34は正しく足し算を行なうわけである．

次に引き算を考えよう．第7章§6で説明したように

$$b'-a' = b'+(\bar{a}'+1) \tag{1}$$

となる．ここで $\bar{a}$ は a を構成する16ビットの各ビットについて1と0を逆転した数である．つまり

$$\bar{a}_i = \begin{cases} 1 & a_i=0 \quad \text{のとき} \\ 0 & a_i=1 \quad \text{のとき} \end{cases}$$

のとき

$$\bar{a} = \bar{a}_{16}\bar{a}_{15}\cdots\bar{a}_1$$

である．$\bar{a}'$ は $\bar{a}$ を2の補数表示だと思った値である．つまり

$$\bar{a} \equiv \bar{a}' \pmod{2^{16}}, \qquad -2^{15} \leqq \bar{a}' < 2^{15}$$

により定まる数である.(1)より引き算の回路を特に作る必要はない. $\bar{a}$ さえ作れば, あとは足し算の回路で引き算が行なわれるわけである. $\bar{a}$ を得るには NOT 回路を 16 個用意すればよい.

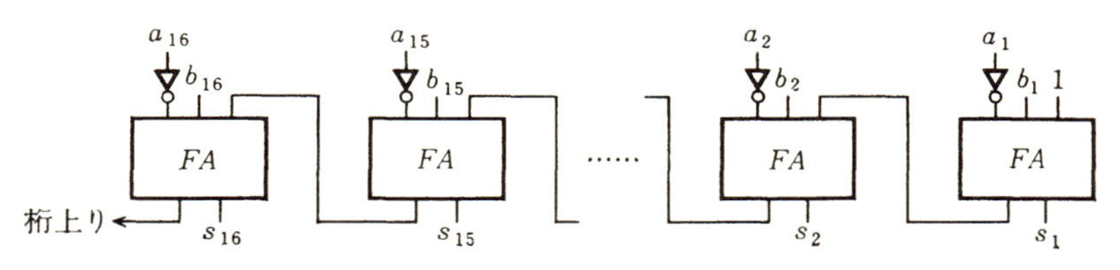

図 9.35

つまり図 9.35 のようになる. 図 9.35 と図 9.34 と異なる点は a_i には NOT 回路がついていることと, 1 桁目には下の桁よりの桁上りとして 1 を加える点である. NOT 回路により $\bar{a}$ が得られ, 1 を加えることにより $\bar{a}+1$ が得られるわけである.

$$b'-a' = b'+(\bar{a}'+1) \equiv b+\bar{a}+1 \equiv s \equiv s' \pmod{2^{16}}$$

であるから $-2^{15} \leqq b'-a' < 2^{15}$ ならば正しく $b'-a'=s'$ が得られるわけである.

さて, 足し算と引き算の回路を 1 つにまとめよう. たとえば $c=0$ または 1 とし, $c=0$ のときは足し算を, $c=1$ のときは引き算を行なう回路に作り直したい. どうしたらよいだろうか. そのためには $c=0$ のときは a_i そのまま, $c=1$ のときは a_i を逆転する回路がほし

表 9.8

c	a_i	答
0	0	0
0	1	1
1	0	1
1	1	0

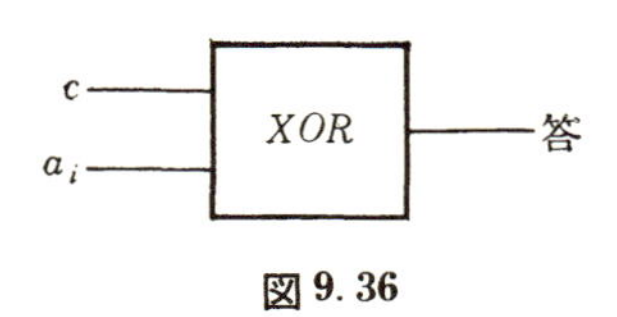

図 9.36

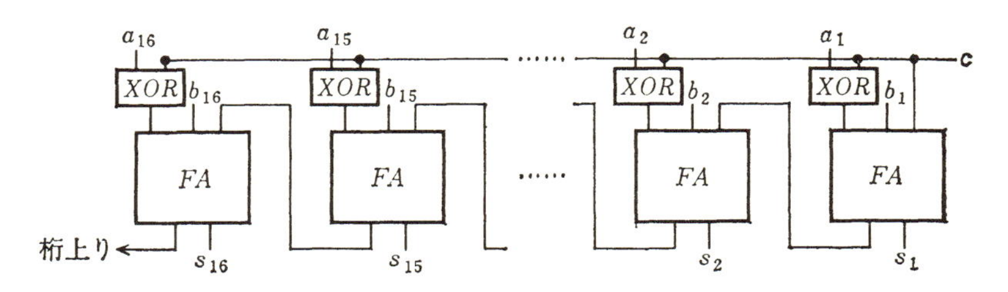

図 9.37　加減算回路

い．つまり表 9.8 のような回路がほしい．ところが前節の表 9.4 を見ると，排他的論理和回路を使えばよいことがわかる．よって図 9.37 で加法と減法の両方が可能なことになる．$c=0$ のときは a_i の値がそのまま FA に入り，しかも 1 桁目には 0 を加える．つまり加法が実行される．$c=1$ のときは $\bar{a}_i$ の値が FA に入り，しかも 1 桁目には 1 を加える．つまり減法が実行される．

以上が演算装置の中心部である．

§4　符号化回路と解読回路

入力装置のタイプを打つと，打った文字に対応するコードが記憶装置に入る．このコード化(符号化)する回路の原理は図 9.38 のような**符号化回路**である．たとえば 5 という所のスイッチを押すと，つまり 5 という所だけに電気を流すと OR 回路を通り 3 桁目と 1 桁目が 1 になる．よって 2 進法の 5 という値が得られる．同様に 0 より 7 までのどれか 1 つに電気を流すと，それに対応する数が 2 進数として得られる．つまり符号化できるわけである．

符号化回路の逆が**解読回路**である．出力装置を考えてみると，あるコードに対応する文字が出力されてほしい．つまり数よりその数に対応する 1 つの線に電流を流してほしい．そのためには図 9.39 の回路を用いればよい．たとえば 5 という数は 3 桁目＝1，2 桁目＝

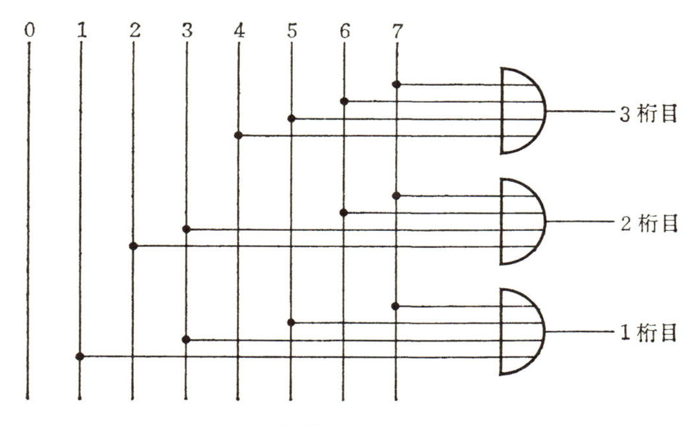

図 9.38　符号化回路

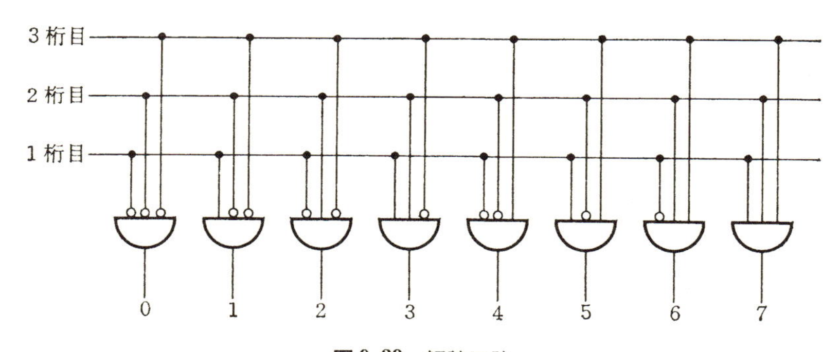

図 9.39　解読回路

0, 1 桁目＝1 である．この組み合せに対し，*NOT* 回路と *AND* 回路を通り 1 となるのは 5 と書かれている所のみである．他の所はすべて 0 となる．このように，数に対応する 1 つの線を選ぶことができる．

以上 2 つの回路は今後計算機の模型を考えるときにも用いられる．

§5　フリップフロップ

まずは図9.40の回路を考えよう．この回路において$S=1$，$R=0$としてみよう．すると$S=1$なので，OR回路の出力Bは1となる．

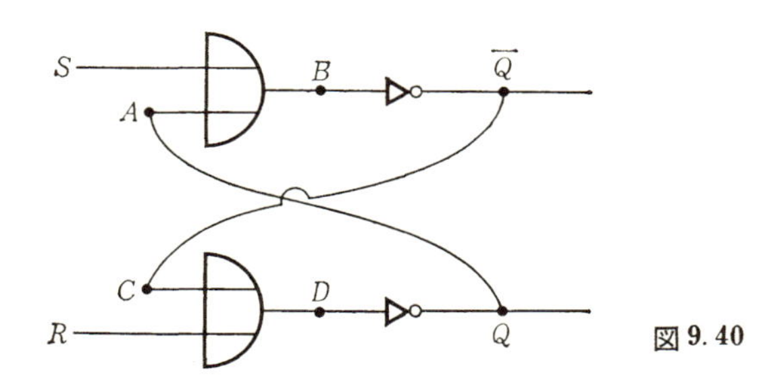

図9.40

$B=1$なのでNOT回路を通り$\bar{Q}=0$となる．$C=\bar{Q}=0$，$R=0$なので$D=0$となる．よって$Q=1$となり$A=Q=1$となる．このようになったとき，この回路は安定している．つまりこれ以上変化が起らない．安定した状態を書くと$Q=A=B=1$，$\bar{Q}=C=D=0$となっている．このように安定してしまうと，$S=R=0$としても変化が起らない．$S=R=0$としても，$A=1$だったからOR回路を通り$B=1$となり，NOT回路を通り$\bar{Q}=0$となり$C=\bar{Q}=0$となる．$R=0$より$D=0$となり$Q=1$となり$A=1$となる．つまり変化が生じない．このように安定した状態に変化を与えるためには$R=1$としなければならない．$R=1$，$S=0$としてみよう．$R=1$であるから，今までの状態に無関係に$D=1$となり$Q=0$となり$A=0$となり，$S=0$より$B=0$となり$\bar{Q}=1$となり$C=1$となる．つまりすべてが逆転する．逆転してしまうとふたたび安定した状態となり，安定してしまうと$S=R=0$としても変化が生じない．まとめると$S=1$，$R=0$とすると今までの状態に無関係に

$$Q=A=B=1, \qquad \bar{Q}=C=D=0$$

となり安定し，安定してから$S=R=0$としても変化が生じない．S

$=0$, $R=1$ とすると今までの状態に無関係に

$$Q = A = B = 0, \qquad \bar{Q} = C = D = 1$$

となり安定し，安定してから $S=R=0$ としても変化が生じない．このようにこの回路は2つの安定した状態があり，$S=1$, $R=0$ または $S=0$, $R=1$ とすることにより他の状態に変えられる．この回路のことを**フリップフロップ**(flip-flop，略して ***FF***)と呼ぶ．

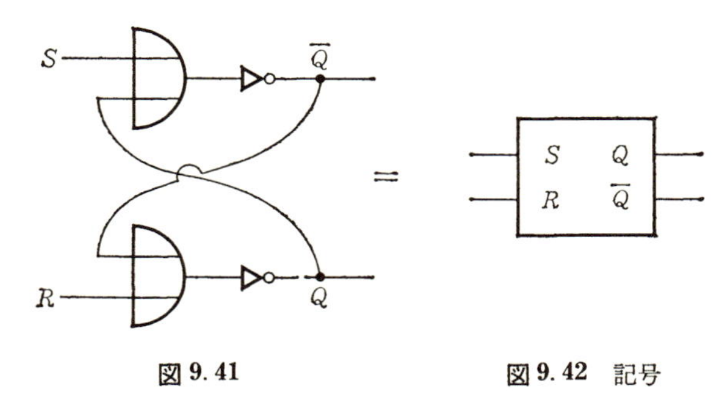

図 9.41　　　　**図 9.42**　記号

図 9.41 のようにすると $S=1$, $R=0$ のときは $Q=1$, $\bar{Q}=0$ となり安定するし，$S=0$, $R=1$ とすると $Q=0$, $\bar{Q}=1$ となり安定するわけである．この回路は図 9.42 のような記号で書く．$Q=1$ となるときこのフリップフロップは1という状態で，$Q=0$ のとき0という状態だと思うことにしよう．すると

① $S=1$, $R=0$ とすると今までの状態に無関係に1という状態となり，$S=0$, $R=1$ とすると今までの状態に無関係に0という状態となる．

② $S=R=0$ とすると，今までの状態で安定している．

③ 1という状態のときは $Q=1$, $\bar{Q}=0$ という値を出力している．0という状態のときは $Q=0$, $\bar{Q}=1$ という値を出力している．

よって1つのフリップフロップは1ビットの記憶素子として利用することができる．記号だけではどうもはっきりしない人のために，

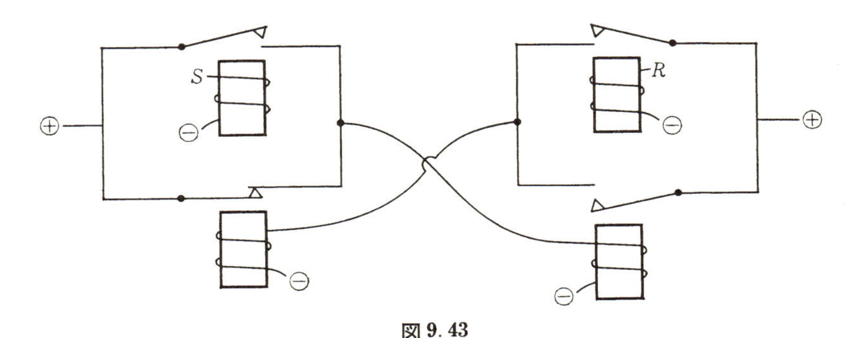

図 9.43

フリップフロップを電磁石を用いて書き直してみよう．図 9.43 を見れば，2 通りの安定した状態が起ることが理解できるであろう．この図の右下の電磁石が働き左下の電磁石が働いていない状態と，その逆の状態が生ずるわけである．

さて，今までのフリップフロップの前に図 9.44 のように少し回路をつけ加えてみよう．

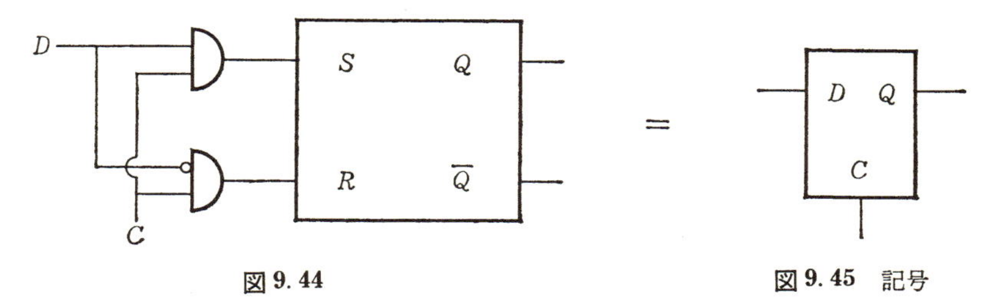

図 9.44　　図 9.45　記号

$C=0$ のときは AND 回路を通って出てくる値は共に 0 である．よって $S=R=0$ であるから今までの状態を保つ．$C=1$ にしたとき，$D=1$ ならば $S=1$，$R=0$ となり，フリップフロップは 1 という状態となる．$D=0$ ならば $S=0$，$R=1$ となり，フリップフロップは 0 という状態となる．つまり $C=1$ のときのみ D の値が記憶されるわけである．この回路はよく使われるので，図 9.45 のような記号を使おう．この記号をまとめると，$C=0$ のときは今までの状態が保たれ，$C=1$ のとき D に入ってくる値が記憶される回路である．

以上の図 9.42，図 9.45 の記号は今後よく用いられる．1ビットの記憶素子として使われるからである．

§6 カウンタ

フリップフロップを2つ並べて図 9.46 のような回路を作り，t として図 9.47 のような電流を流そう．つまり t は0という電圧より急に1という電圧になり，また短い時間ののちに0という電圧になるわけである．このように短い時間だけ急に1になる電流を**パルス**電流という．図 9.46 の上側のフリップフロップが1の状態だったとしよう．つまり Q より1の電流が出力されているとしよう．

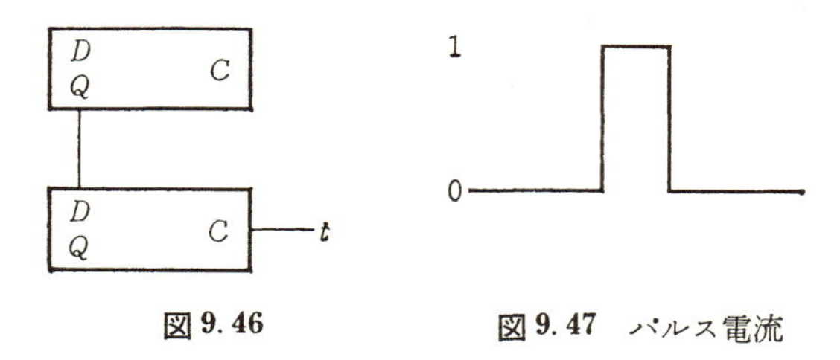

図 9.46　　図 9.47 パルス電流

$t=0$ のとき，下側のフリップフロップは今までの状態を保つが，$t=1$ になったとき上側の状態が下側へ伝わる．つまり $t=1$ のとき上側の Q より1という電流が下側の D へつながっているので，この値が下側のフリップフロップの状態を1という状態に変えるのである．では図 9.48 のようになっているときどうなるだろうか．

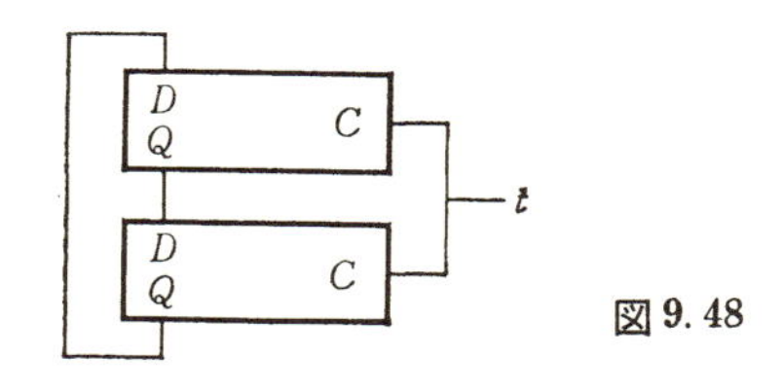

図 9.48

$t=0$ のときは2つのフリップフロップは安定した状態になっている．$t=1$ としたとき，上側の状態は下側へ移され，下側の状態は上側へ移される．たとえば，はじめに上側が1の状態で，下側が0の状態だったとしよう．$t=1$ とすると下側が1となり上側が0となる．ここで t に1という電流を長く与えると，上側が0になったのだから，その状態が下側へ移り，下側の状態が上側へ移る．このような交換が何度も行なわれ，安定しない．しかし，フリップフロップはシーソーゲームのように2つの安定した状態があるが，1つの状態より他の状態へ移るとき少し時間がかかる．ほんの少しの時間だけれど $t=1$ にしたとき D に入ってきた値が Q へ伝わるまで時間 t_0 が必要である．パルス電流は1となる時間が t_0 より短いものである．よって1回のパルス電流では図9.48の2つのフリップフロップの状態は入れ替わるだけである．パルス電流が図9.49のように何回も来れば，その回数だけ互いに入れ替わる．

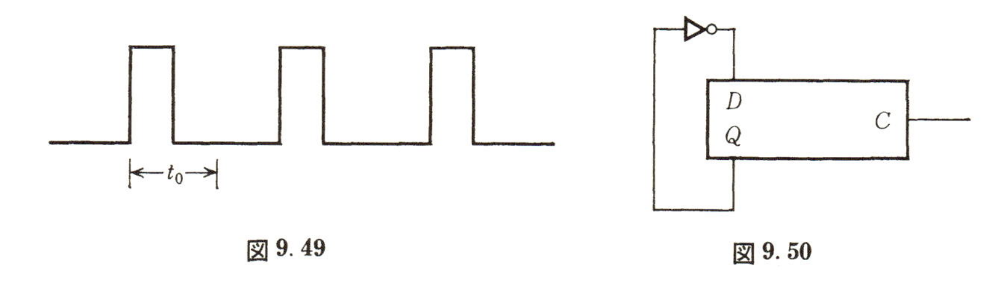

図 9.49　　図 9.50

次に図9.50を考えよう．今このフリップフロップが1の状態だとしよう．すると Q より1の電流が出力されていて，それは NOT 回路を通り D へ入力している．$C=0$ のときは変化がないが，パルス電流がきて短い間 $C=1$ となったとする．するとこのフリップフロップの状態は逆転する．パルス電流がくるたびに逆転するので，この回路は**2進カウンタ**と呼ばれている．では2進カウンタを2つ並べ，図9.51の回路を作るとどうなるだろうか．はじめは両方の

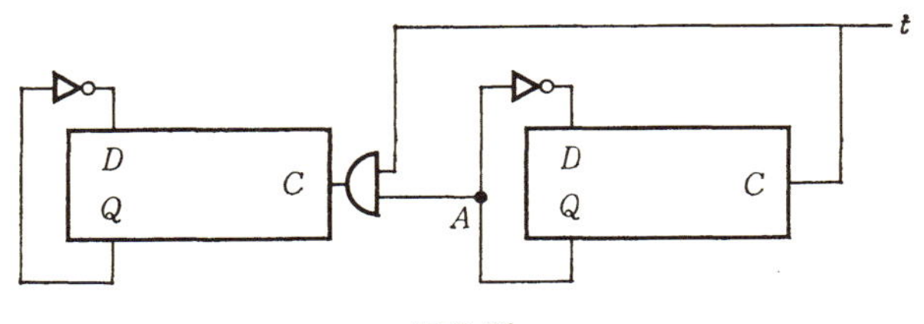

図 9.51

フリップフロップは0の状態だとしよう．よって点Aでは0の電圧である．このときtへパルス電流を流すと，右側のフリップフロップは1と変わる．しかし，パルス電流がきたとき$A=0$であったので，左側は不変である．パルス電流が去り，t_0の時間がたったとき，右側は安定し$A=1$となる．このとき2回目のパルス電流を流すと右側は0と変わる．$A=1$であったから左側も1へ変わる．何回もパルス電流を流すと00→01→10→11→00→… と変わってゆく．2進数だと思えば0→1→2→3→0と変わるわけである．よってこの回路を**4進カウンタ**と呼ぶ．計算機の中に用いる重要な回路である．

練習問題

1. 次の回路において，どのようなとき電球は光るか(§1)．

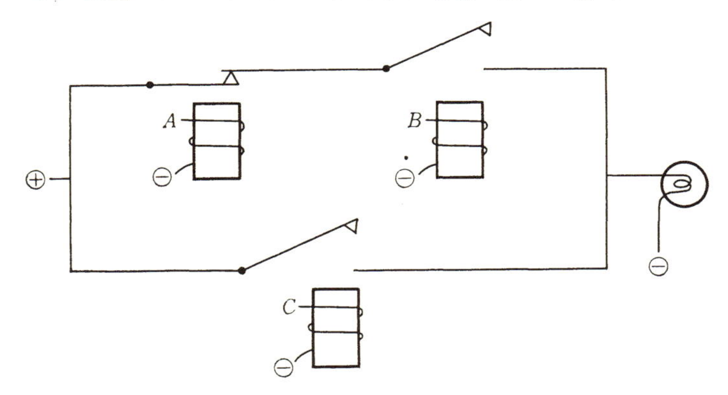

2. A, B, C, D がどのようなとき $E=1$ となるか(§2).

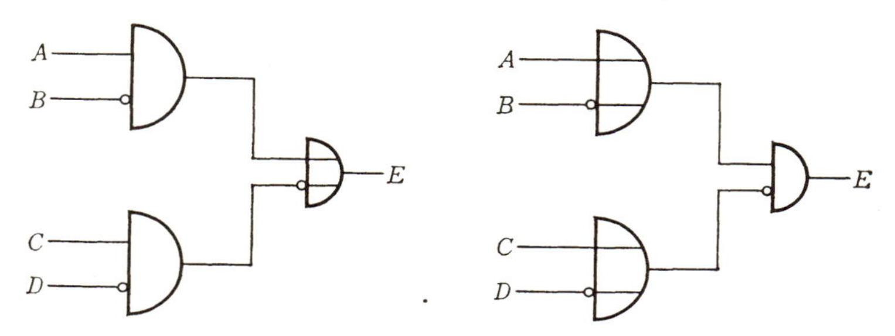

3. 次の回路は図 9.31 と同じ働きをすることを確かめよ(§2).

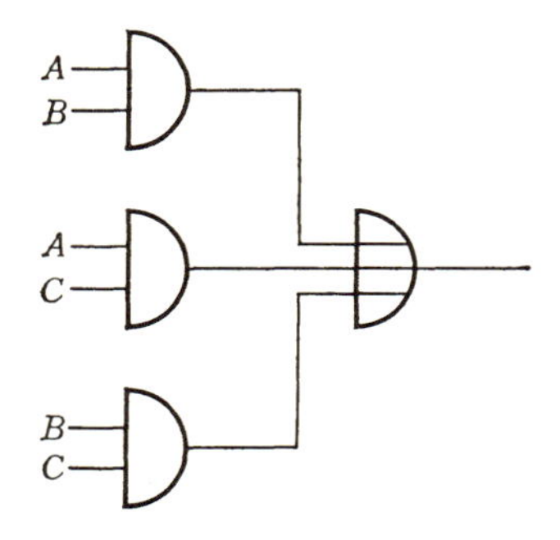

4. A, B が2進法の1桁の数のとき，$A-B$ を計算する回路を作れ．答は S に入れ，もし上の桁よりの借りが必要なときは $C=1$ とせよ(§3).

5. 全加算器に対応するものを引き算でも作ろう．つまり A と B は0または1を表わし，C は下の桁への貸しとするとき $A-B-C$ を計算する回路を作れ．答は S に入れ，もし上の桁よりの借りが必要なときは $D=1$ とせよ(§3).

6. 8進カウンタを作れ．つまり3ビットでできていて，パルス電流が入るごとに0より7まで順に変化する回路を作れ(§5).

第10章
計算機の模型

計算機に知能はない．計算機はただ与えられた規則に従って，その通りに動いているにすぎない．この章では，どのように自動的に動いているか見るために，計算機の模型を作り，説明しよう．使われる道具は前章で扱ったいくつかの論理回路である．

§1 構成要素

計算機の中には，規則正しいパルス電流を発生する電気回路がある．計算機はこのパルス電流にリズムを合わせて動く．これから作る計算機の模型は図10.1のようなリズムを持つパルス電流を発生する．

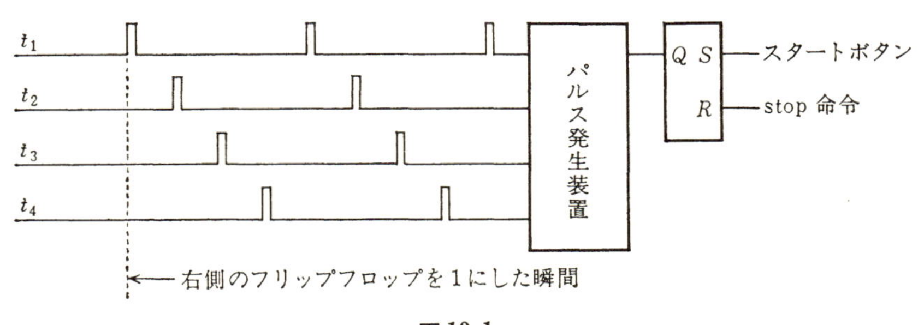

図10.1

この**パルス発生装置**は，右側についているフリップフロップが0の状態のときはパルス電流を作らない．スタートボタンを手で押してこのフリップフロップを1の状態にすると，4種類のパルス電流を発生する．はじめにt_1にパルス電流が現われ，$t_2, t_3, t_4, t_1, t_2, \cdots$の順に次々にパルス電流を発生する．このパルス電流が発生すると，次節以下で説明するように，計算機は動き出す．

計算機の模型は 1語＝5ビット であり，記憶装置はわずか4語である．よって番地は0,1,2,3番地しかないので，次に実行すべき命令の番地を示すプログラムカウンタPCは2ビットで十分である．また命令の番地部も2ビットで十分である．よって1語を命令と見たとき，下の2ビットは番地部であり，上の3ビットは命令部である．計算機の模型では入出力命令がなく，load, store, add, subtract, stop, jump, jump minus の7種類だけである．よって1より7までの番号をつけ，3ビットで命令部が十分なわけである．計算機の模型の構成要素を描くと図10.2となる．

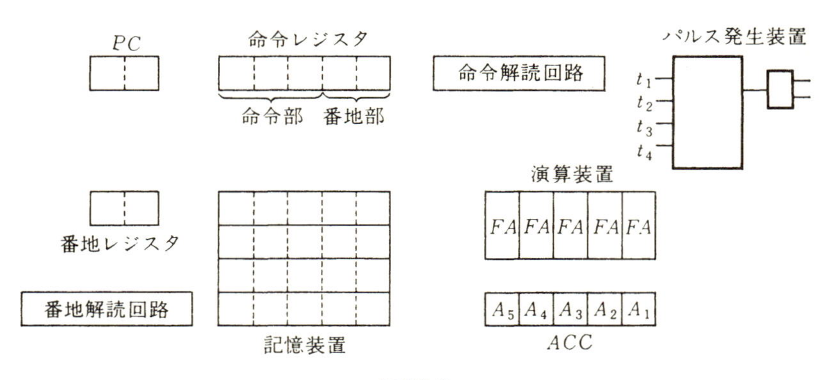

図10.2

これらの働きを大まかに言えば，次のようになる．たとえば，プログラムカウンタ $PC=0$ であり，0番地の内容$=01111_2=$add 3 だったとしよう．スタートボタンを押しt_1にパルス電流が生ずると，PCの内容が番地レジスタに移る．今の場合は 番地レジスタ$=0$ となる．すると番地レジスタの内容が番地解読回路で解読される．次に t_2 にパルス電流が流れると，解読回路で示された0番地の内容が命令レジスタに入り，同時に PC の値が1つ増える．命令レジスタの上3ビットは命令解読回路で解読され，add 命令であることがわかる．t_3 にパルス電流が発生すると，命令レジスタの下2ビットは番地レジスタに入る．番地解読回路で3番地であることがわかると，3番地の内容と ACC の内容が演算回路で加えられる．t_4 にパルス電流が流れると，演算装置で得られた答が ACC へ移る．以上で add 3 の命令が完了した．このとき $PC=1$ となっているので，次の $t_1 \sim t_4$ のパルス電流に合わせて1番地の命令が実行される．このような調子で計算機は動き出す．次に一歩一歩詳しく説明しよう．

§2　命令読み出し

記憶装置の入口には2ビットでできている**番地レジスタ**がある．番地レジスタはプログラムカウンタ PC と図10.3のようにつながっている．

まず t_1 よりパルス電流が入ってきたとしよう．すると PC の出力側と番地レジスタの入力側は結ばれているので，PC の内容が番地レジスタに移る．2つのフリップフロップのうち左側が2桁目，右側が1桁目のつもりである．たとえば PC が1と0，つまり2番地を示していたら番地レジスタも1と0となる．このとき PC は不変である．さて番地レジスタが1と0となったとしよう．番地レジスタは番地解読回路につながっている．この解読回路により，番地レジスタが1と0のときは $B_2=1$, $B_0=B_1=B_3=0$ となることがわかるであろう．つまり番地解読回路により，番地レジスタに対応する B_0, B_1, B_2, B_3 のどれか1つだけが1となり他は0となる．B_0, B_1, B_2, B_3 のうち B_2 1つだけが1になったとき，記憶装置の2番地は図10.

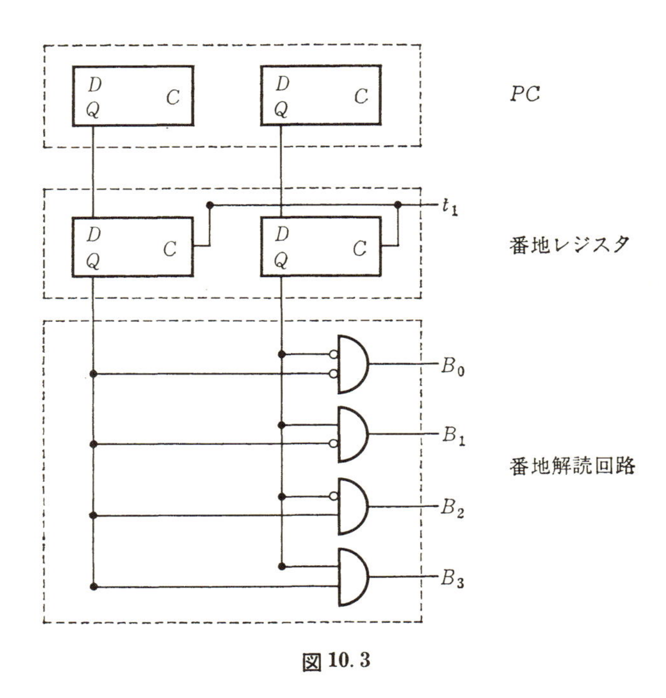

図 10.3

4 のようになっているので，2 番地の内容が 5 本の線 M_1, M_2, M_3, M_4, M_5 へ流れ出す．$B_2=0$ のときは M_1～M_5 は 0 であるが，$B_2=1$ となっているときは 2 番地の 5 ビットの内容がそのまま M_1～M_5 へ出力されるわけである．以上が t_1 にパルス電流が流れたとき実行される部分である．

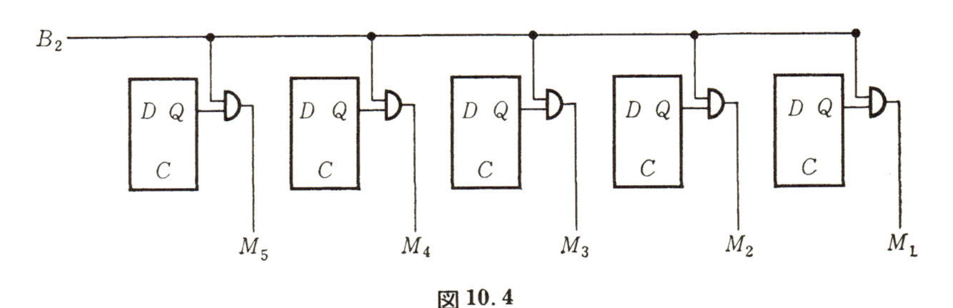

図 10.4

次に t_2 にパルス電流が流れたとしよう．まず PC は図 10.5 のように 4 進カウンタになっているので，値が 1 つ増える．また M_1～M_5 は命令レジスタと図 10.6 のようにつながっているので，M_1～M_5 の値が命令レジスタに入る．以上が t_2 にパルス電流が流れたとき行なわれる部分である．

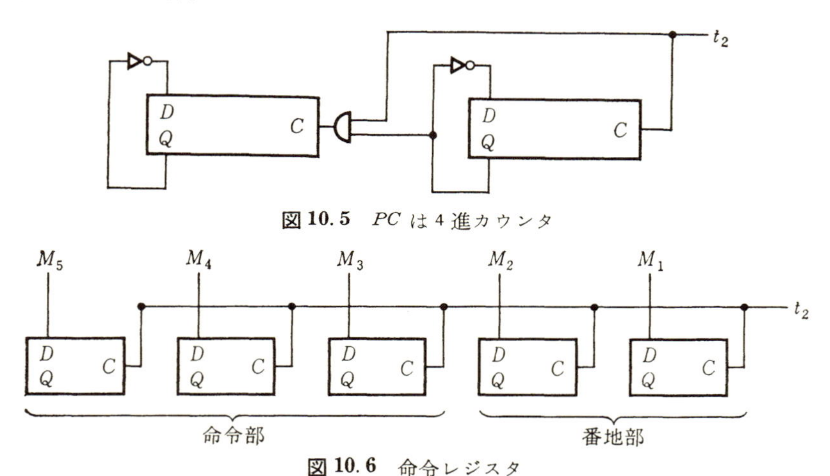

図 10.5　PC は 4 進カウンタ

図 10.6　命令レジスタ

まとめると t_1 と t_2 にパルス電流が流れることによって，PC で示された番地の内容が命令レジスタに入り，PC の値は 1 つ増すわけである．

§3　命令実行

命令レジスタに 1 つの命令が入ると，さっそくその命令部の解読がはじまる．このように書くと何か知能的な行動が予想されるが，実は図 10.7 のような命令解読回路があるだけである．この解読回路により 1 つだけが 1 になり，他はすべて 0 となる．たとえば命令部が 0, 0, 1 だったならば load と書かれた線にだけ 1 が出力され，他はすべて 0 となる．つまり命令部は load 命令だったな，という

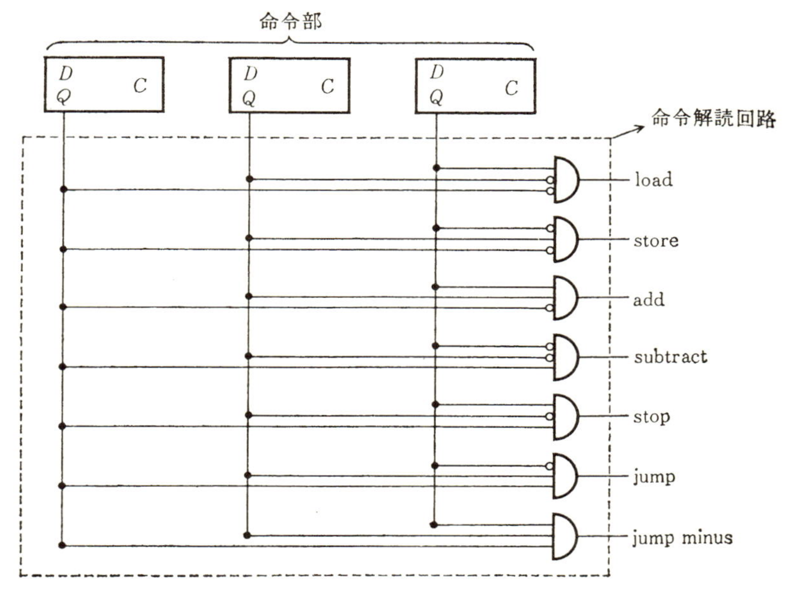

図 10.7　命令解読回路

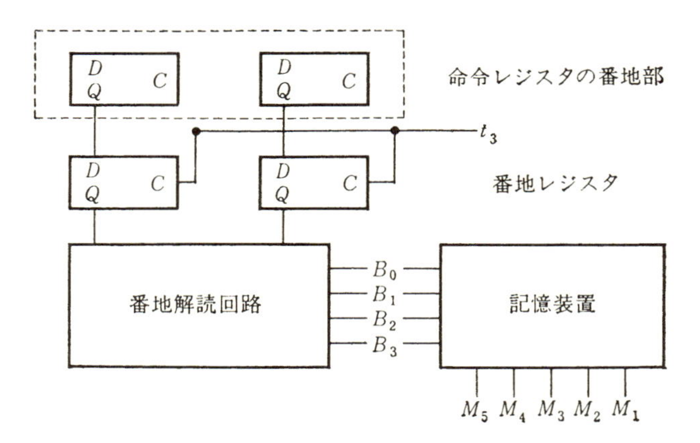

図 10.8

ことがわかるわけである．

さてt_3にパルス電流が流れたとしよう．すると命令レジスタの番地部と記憶装置の番地レジスタとは図10.8のように結ばれているので，番地部で示される番地の内容がM_1～M_5に出力される．

さてこれからが大変である．まずは load, add, subtract の3つの命令がどのように実行されるか，説明しよう．図10.8で得られたM_1～M_5の値は図10.9のように演算装置と結ばれている．

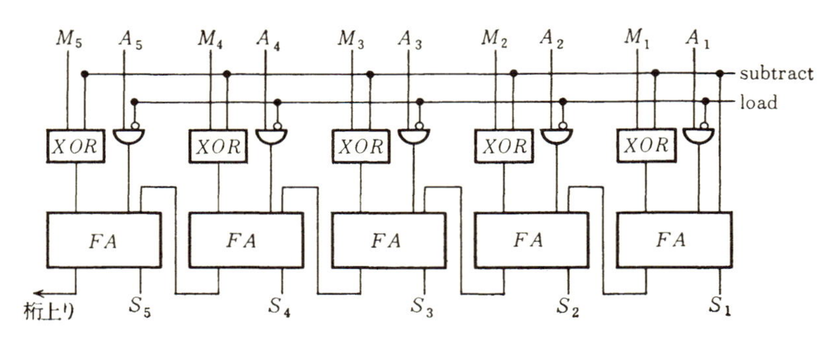

図10.9

まずadd命令だったとしよう．すると命令解読回路と結ばれているsubtractと書かれた線には0の電流が流れているので，M_1～M_5の値は全加算器FAにそのままの値で伝わる．またACCの5ビットを下の桁より$A_1, \cdots, A_5$とすると，load＝0となっているので，そのままの値がFAに伝わる．よって$A_5A_4A_3A_2A_1+M_5M_4M_3M_2M_1$が実行され，答$S_5S_4S_3S_2S_1$が得られる．

次にsubtract命令だったとしよう．すると命令解読回路と結ばれているsubtractと書かれた線には1の電流が流れているし，loadと書かれた線には0の電流が流れている．よってM_iの値は逆転してFAに伝わり，A_iの値はそのままFAに伝わる．つまり175頁の図9.37におけるa_i, b_i, cに対応するものが，図10.9ではM_i,

A_i, subtract となっている．よって $A_5A_4A_3A_2A_1-M_5M_4M_3M_2M_1$ が計算され，答 $S_5S_4S_3S_2S_1$ が得られる．

次に load 命令だったとしよう．add 命令のときと同じように M_1 ～ M_5 の値はそのまま FA に伝わるが，load$=1$ であるので NOT 回路と AND 回路を通り A_1～A_5 の値はすべて 0 となって FA に伝わる．よって $0+M_5M_4M_3M_2M_1$ が計算され，その答 $S_5S_4S_3S_2S_1$ が得られる．もちろん $M_5M_4M_3M_2M_1=S_5S_4S_3S_2S_1$ である．

以上が t_3 にパルス電流が流れ，命令部が load, add, subtract の場合の変化である．ここで t_4 にパルス電流が流れたとしよう．すると図 10.10 よりわかるように ACC には S_1～S_5 の値が入る．

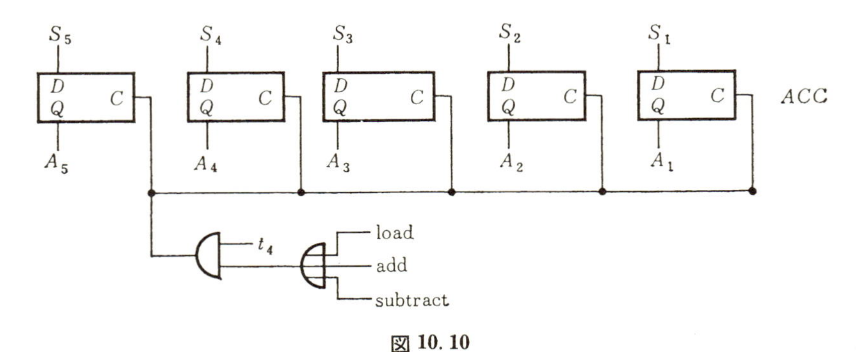

図 10.10

つまり load, add, subtract の命令が完了するわけである．load, add, subtract 命令以外でも

$$S_5S_4S_3S_2S_1 = A_5A_4A_3A_2A_1+M_5M_4M_3M_2M_1$$

が計算されるが，その値は ACC には入らないようになっている．ACC の 5 つのフリップフロップの C の部分が 0 であるからである．

次に store 命令だったとしよう．t_3 にパルス電流が流れたとき，図 10.8 の B_0～B_3 のどれか 1 つだけが 1 になるのは今までと同様である．たとえば $B_2=1$ となったとしよう．ところで記憶装置の 2 番地は図 10. 11 のようになっている．$B_2=1$，store＝1 のとき t_4 にパルス電流が流れると，5 つのフリップフロップの C が 1 になるので A_1〜A_5 がこの 5 つのフリップフロップに移される．つまり store 命令が完了する．

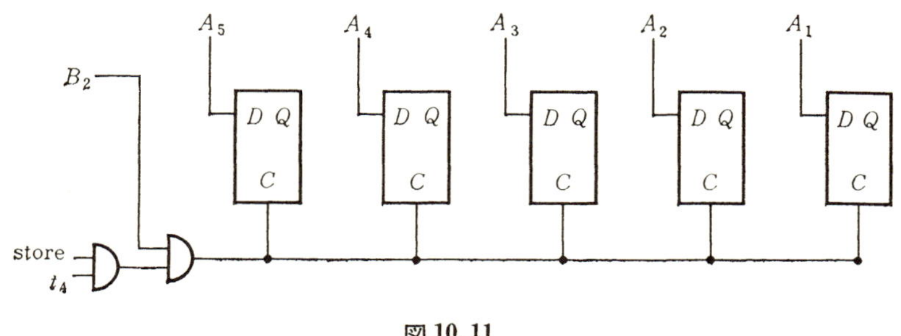

図 10. 11

ここで記憶装置の全体の回路を図 10. 12 に示そう．少し複雑に見えるが，B_0〜B_3 のどれかが 1 のとき，その番地のフリップフロップより内容が流れ出し，その番地以外よりは 0 しか出力されていないので，M_1〜M_5 に正しくその番地の内容が出力される．また store＝1，$t_4=1$ の(つまりパルス電流が流れた)とき，その番地のフリップフロップの C が 1 になるので，A_1〜A_5 がその番地に移される．その番地以外のフリップフロップにおいては $C=0$ であるので変化しない．よって正しく load, store, add, subtract 命令が実行されることがわかった．命令が完了したとき，PC の値は 1 つ増えているので，次に t_1 にパルス電流が流れたとき，次の命令が実行されることになる．

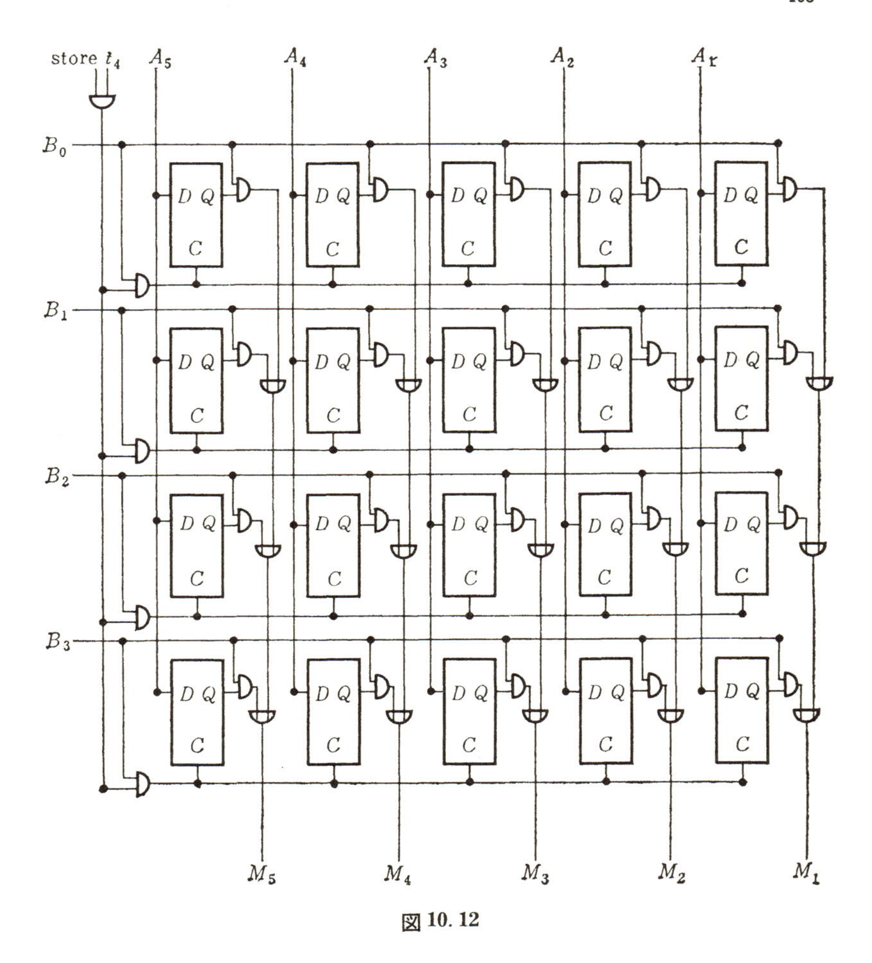

図 10.12

次に stop, jump, jump minus の 3 つの命令を考えよう. stop 命令は計算機を止め，もしスタートボタンを押せば，番地部で示された番地より次の命令が実行されるものであった. また jump 命令は次に番地部で示された番地へ飛ぶこと，つまり次の命令が番地部で示された番地になることであった. また jump minus 命令は ACC

<0のとき，番地部で示された番地へ飛ぶことであった．3つの命令に共通しているのは番地部を PC へ移せばよい，という点である．つまり図10.13，図10.14により3つの命令は完了する．

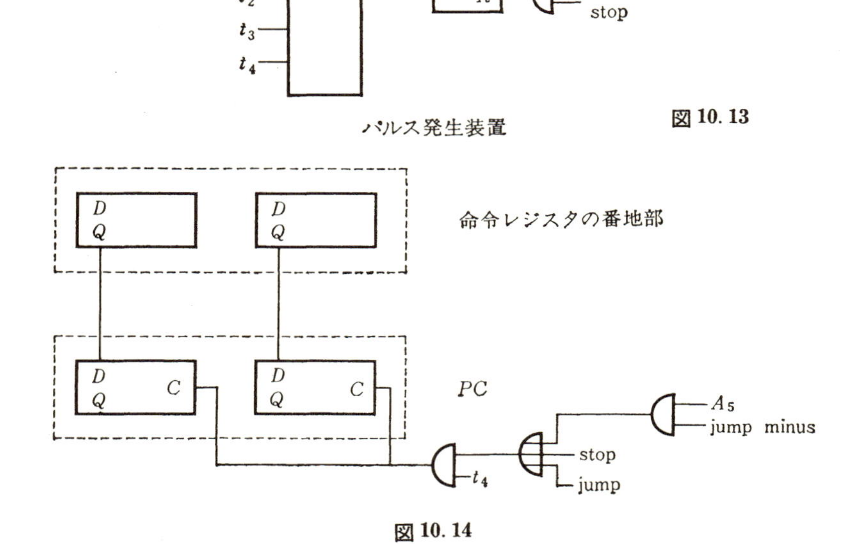

図10.13

図10.14

まずstop命令だったとしよう．すると t_4 にパルス電流が流れたとき，図10.13のパルス発生装置についているフリップフロップがstop＝1であるから0の状態になる．このフリップフロップが0の状態になれば，パルス発生装置はパルス電流を発生しなくなる．つまり計算機は止まる．同時に t_4 にパルス電流が流れたとき，図10.14において，PC の2つのフリップフロップの C が1となり，よって命令レジスタの番地部が PC へ移る．

jump命令はstop命令と同じように番地部を PC へ移すことを実行する．ただパルス発生装置には影響を与えないので，計算機は止まらない.

最後に jump minus 命令であるが, 129 頁で説明したように, 2 の補数表示では $ACC<0$ であることは一番左の符号ビットが 1 であることを思い出してほしい. よって $ACC<0$ とは $A_5=1$ のときである. よって jump minus 命令のとき, つまり命令解読回路と結ばれている jump minus と書かれた線に 1 の電流が流れているとき, しかも t_4 にパルス電流が流れているとき, $A_5=1$ のときのみ番地部が PC へ移る. $A_5=0$ のときは何もしない. 何もしないといっても t_2 にパルス電流が流れたとき, PC の値は 1 つ増えたので, 何もしないで次の命令に進むことになる.

以上で 4 つのパルス t_1, t_2, t_3, t_4 により 1 つの命令が自動的に実行されることがわかった. PC, 記憶装置, ACC の値が与えられ, スタートボタンを押せばあとは完全に自動的に動くわけである.

練習問題

1. 図 10.3 と図 10.8 が両立するようにせよ. つまり t_1 にパルスが流れたときは PC の内容が番地レジスタに入り, t_3 にパルスが流れたとき, 命令レジスタの番地部の内容が番地レジスタに入るように AND, OR 回路を利用せよ.

2. 図 10.5 と図 10.14 が両立するようにせよ. つまり t_2 にパルスが流れたとき PC の値は 1 つ増し, t_4 にパルスが流れ, 適当な条件がそろったとき命令レジスタの番地部の内容が PC に入るような回路を作れ.

解　　答

第1章

1. (イ)　1.25×10^{12}　(ロ)　8×10^{-13}　(ハ)　9.87654321×10^{14}　(ニ)　1.01010101×10^{-12}

2. $a+b=2.00000009\times10^7$,　$a-b=1.99999991\times10^7$,　$a\times b=1.8\times10^7$,　$a\div b=2.22222222\times10^7$

3. (コロンは次の行の代りである)

(イ)　$d\longleftarrow a+b:d\longleftarrow d-c$　(ロ)　$d\longleftarrow bc:d\longleftarrow a+d$　(ハ)　$e\longleftarrow ab:f\longleftarrow c\div d:e\longleftarrow e+f$　(ニ)　$f\longleftarrow a\div b:f\longleftarrow f+c:h\longleftarrow d\times d:h\longleftarrow h\times e:f\longleftarrow f-h$　(ホ)　$d\longleftarrow a\times x:d\longleftarrow d+b:d\longleftarrow d\times x:d\longleftarrow d+c$

4. $a\longleftarrow x\times x:a\longleftarrow a\times x:a\longleftarrow a\times a:a\longleftarrow a\times a:a\longleftarrow a\times a:a\longleftarrow a\times x:a\longleftarrow a\times a:a\longleftarrow a\times a$

5. (イ)　99　(ロ)　99　(ハ)　-11　(ニ)　-10

6. 6

7. $d\longleftarrow a:a\longleftarrow c:c\longleftarrow b:b\longleftarrow d$

(別解)　$a\longleftarrow a+b+c:b\longleftarrow a-b-c:c\longleftarrow a-b-c:a\longleftarrow a-b-c$

はじめに a,b,c に α,β,γ が入っていたとする．まず $a=\alpha+\beta+\gamma$, $b=\beta$, $c=\gamma$ となり，次に $a=\alpha+\beta+\gamma$, $b=\alpha$, $c=\gamma$ となり，次に $a=\alpha+\beta+\gamma$, $b=\alpha$, $c=\beta$ となり，最後に $a=\gamma$, $b=\alpha$, $c=\beta$ となる．同様に a の値を b に，b の値を c に，…，z の値を a に入れるには，

$$a\longleftarrow a+b+\cdots+z:\ b\longleftarrow a-b-\cdots-z$$
$$c\longleftarrow a-b-\cdots-z:\ \cdots\cdots$$
$$z\longleftarrow a-b-\cdots-z:\ a\longleftarrow a-b-\cdots-z$$

とすればよい．もう1つ別の場所を使うことができないので上記のようにせざるを得ない．

8. 流れ図 a. 1，プログラム a. 1 となる．

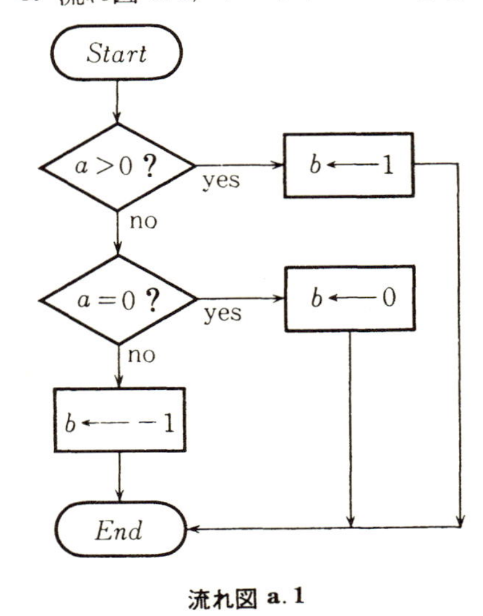

流れ図 a. 1

```
Start    if a>0 go to Last 1
         if a=0 go to Last 2
         b ← −1
         go to End
Last 1   b ← 1
         go to End
Last 2   b ← 0
End      stop
```

プログラム a. 1

第2章

1. §1 の流れ図 2. 3 において $a \geqq b$，$a \geqq c$，$b \geqq c$ をそれぞれ $a \leqq b$，$a \leqq c$，$b \leqq c$ に替えればよい．

2. $a \geqq b$，$a \geqq c$，$a \geqq d$，$b \geqq c$，$b \geqq d$，$c \geqq d$ となるように順に入れ替えを行なえばよい．つまり入れ替えは 6 回必要なこともある．

3. §3 の流れ図 2. 5 において $a \leftarrow a+i$ を $a \leftarrow a+i^2$ とすればよい．

4. §3 の流れ図 2. 5 において $a \leftarrow a+i$ を $a \leftarrow a+i(i+1)$，$i \leftarrow i+1$ を $i \leftarrow i+2$，$i \leqq 100$? を $i \leqq 99$? とすればよい．

5. たこが x 匹，いかが y 匹のとき，次頁の流れ図 a. 2 でよい．

6. 答を x とすれば次頁の流れ図 a. 3 のようになる．

7. (イ)　土曜　　(ロ)　木曜

8. $c \longleftarrow a+a : c \longleftarrow c+a : c \longleftarrow c+c : c \longleftarrow c+a : c \longleftarrow c+c : c \longleftarrow c+a : c \longleftarrow c+c : c \longleftarrow c+a : c \longleftarrow c+c : c \longleftarrow c+c : c \longleftarrow c+a : c \longleftarrow c+c : c \longleftarrow c+c : c \longleftarrow c+c$．1000 を 2 進法で表わすと 1111101000 となるので上記の解となる．これは p. 33 の例の解よりよい方法である．

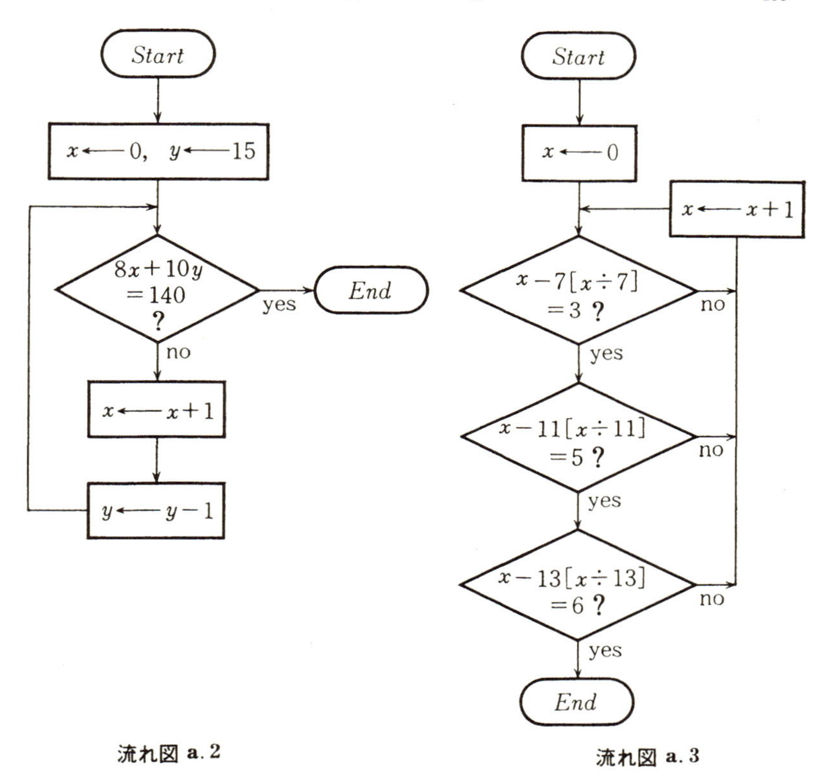

流れ図 a.2　　**流れ図 a.3**

第3章

1. 流れ図 3.2 において $s \leftarrow s+d$ の代りに $s \leftarrow s+1$ とすればよい. 能率よくするためには流れ図 3.3 において $s \leftarrow s+d$ の代りに $s \leftarrow s+1$, $s \leftarrow s+d+q$ の代りに $s \leftarrow s+2$ とすればよい.

2. $187=143+44$, $143=44\times3+11$, $44=11\times4$ であるから $(187, 143)=11$.

3. 流れ図 3.7 において $e \leftarrow ad+bc$ の代りに $e \leftarrow ad-bc$ とすれば差の流れ図となる. $e \leftarrow ac$ とすれば積の流れ図になる. $e \leftarrow ad$, $f \leftarrow bc$ とすれば商の流れ図となる.

4. $101=3\times33+2$, $101=5\times20+1$, $101=7\times14+3$, $101=9\times11+2$, $101=11\times9+2$ となり $d=11$ としたとき余り $\neq 0$, 商$<d$ であるから, 101 は素

数である.

5. $4662=2\times3\times3\times7\times37, 37=7\times5+2, 7>5$ であるから $37=$素数 である.

第4章

1. プログラム 4.1 において, $d\leftarrow c^2-2$ の代りに $d\leftarrow c^3-2$ とすれば 2 分法で求まる. 点(x_0, y_0)での接線が x 軸と交わるとき, その x 座標は $x_0-y_0/(3x_0{}^2)$ であるから, プログラム 4.2 の最初の 2 行を *Start* $x\leftarrow2$: *Loop* $y\leftarrow(2x+2\div x^2)/3$ とすれば, ニュートン法で求まる.

2. プログラム 4.1 において $d\leftarrow c^2-2$ の代りに $d\leftarrow c^3-c-1$ とすれば, 2 分法で求まる. 点(x_0, y_0)での接線が x 軸と交わるとき, その x 座標は $x_0-y_0/(3x_0{}^2-1)$ であるから, プログラム 4.2 の最初の 2 行を *Start* $x\leftarrow2$: *Loop* $y\leftarrow(2x^3+1)/(3x^2-1)$ とすれば, ニュートン法で求まる.

3. 答を x とすれば *Start* $x\leftarrow\sqrt{(a-c)^2+(b-d)^2}$: stop で簡単に求まる.

4. 図 4.5 を使えば $S_n=nay$ であることがわかる. b を求める方法は同じだから, 答はプログラム a. 2 のようになる.

Start	$n\longleftarrow3$
	$a\longleftarrow1$
	$s\longleftarrow3\sqrt{3}/2$
Loop	$a\longleftarrow a\div\sqrt{2+\sqrt{4-a^2}}$
	$n\longleftarrow2n$
	$t\longleftarrow na\sqrt{1-(a/2)^2}$
	if $t\leqq s$ go to *Last*
	$s\longleftarrow t$
	go to *Loop*
Last	print s
End	stop

プログラム a. 2

5. $a^x=e^{x\log a}$ であるから $b\leftarrow\log a : c\leftarrow xb : d\leftarrow e^c$ とすれば $d=a^x$ となる. $\log_a x=\log x/\log a$ であるから $b\leftarrow\log x : c\leftarrow\log a : d\leftarrow b/c$ とすれば $d=\log_a x$ となる.

6. $0 \leqq x$ のときの $y=\sqrt{1-x^2}$ の面積を4倍すればよい．プログラム a.3 で面積が求まる．

```
Start   h ←── 0.1
        s ←── 0
        i ←── 0
Loop    s ←── s+√(1−(ih)²)+4√(1−(ih+h)²)+√(1−(ih+2h)²)
        i ←── i+2
        if i≦8 go to Loop
        print 4s/30
End     stop
```

プログラム a.3

第5章

1. プログラム 5.2 において1行目と3行目を $s \leftarrow a_1{}^2$, $s \leftarrow s+a_i{}^2$ に替えればよい．

2. プログラム 5.2 において1行目と3行目を $s \leftarrow a_1b_1$, $s \leftarrow s+a_ib_i$ に替えればよい．

3. プログラム a.4 でできる．

```
Start   s ←── a₁−a₂
        i ←── 3
Loop    s ←── s+a_i−a_{i+1}
        i ←── i+2
        if i≦99 go to Loop
End     stop
```

プログラム a.4

4. 答を s とすればプログラム a.5 で求まる．

```
Start   s ←── a₁²
        i ←── 2
Loop    s ←── s+a_i²
        i ←── i+1
```

```
            if i≦100 go to Loop
            s ←── √(s÷100)
End         stop
```

プログラム a. 5

5. プログラム 5.6 において，j に関する部分を次のように替えればよい．2 行目 $j \leftarrow m$，9 行目 $j \leftarrow j-1$，12 行目 if $j<1$ go to *Loop* 2，14 行目 if $1 \leqq j$ go to *Loop* 1.

6. プログラム 3.9 を修正し，プログラム a. 6 にすれば よい．

```
Start       i ←── 1
Loop        q ←── [a÷p_i]
            r ←── a−p_i·q
            if r≠0 go to Next 1
            print p_i
            a ←── q
            if a=1 go to End
            go to Loop
Next 1      if p_i<q go to Next 2
            print a
            go to End
Next 2      i ←── i+1
            go to Loop
End         stop
```

プログラム a. 6

7. 桁上りを w に入れるようにする．次頁の流れ図 a. 4 でできる．n 桁の数 $a_n a_{n-1} \cdots a_1$ は $n+1$ 個の場所 $n, a_n, a_{n-1}, \cdots, a_2, a_1$ を使って記憶されているとする．$b_m b_{m-1} \cdots b_1$ についても $c_l c_{l-1} \cdots c_1$ についても同様である．要するに何桁の数であるかという桁数と，1 桁ごとに記憶するわけである．このようにすれば，記憶場所さえあれば，どのように大きな数でも扱える．引き算，掛け算，割り算も，通常の計算通りにプログラムすれば良い．

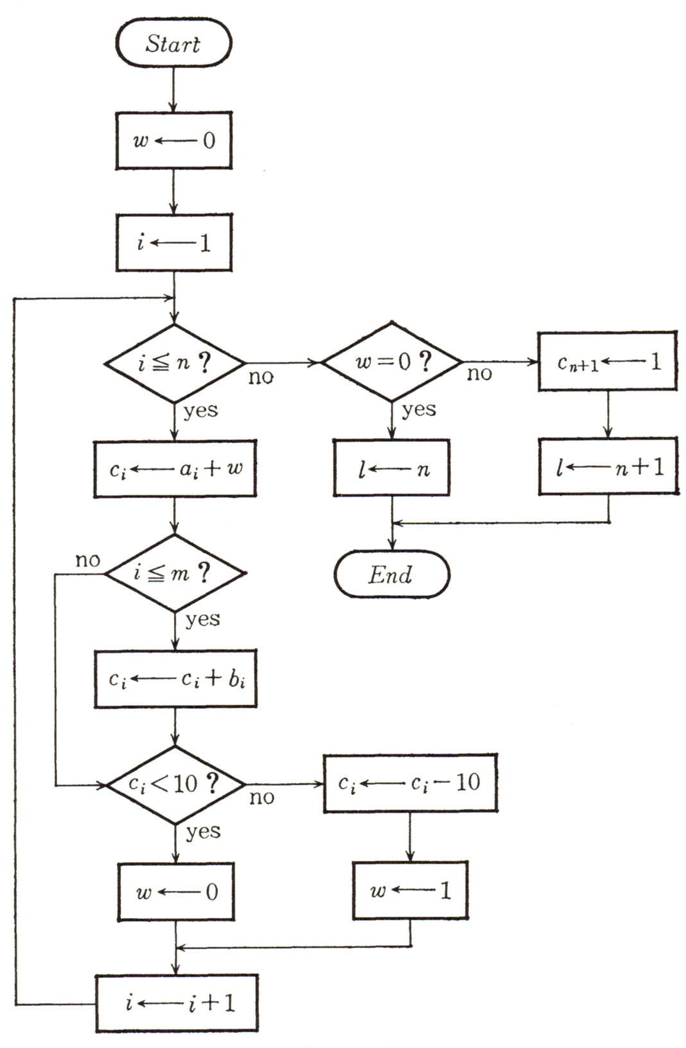

流れ図 a. 4

第 6 章

1. 答を a とすればプログラム a. 7 で答が得られる.

```
Start   a ←── 0
        i ←── 1
Next    x ←── rnd(1)
        y ←── rnd(1)
        if x≧1/6 go to Step
        if y≧1/6 go to Step
        a ←── a+1
Step    i ←── i+1
        if i≦10000 go to Next
        print a
End     stop
```

プログラム a.7

2. 1万個の点(x, y, z)が$x^2+y^2+z^2<1$にs回なったとすれば，体積は$8s/10000$である．よってプログラム a.8 で近似値が求まる．

```
Start   s ←── 0
        i ←── 1
Next    x ←── rnd(1)
        y ←── rnd(1)
        z ←── rnd(1)
        if x²+y²+z²≧1 go to Step
        s ←── s+1
Step    i ←── i+1
        if i≦10000 go to Next
        print 8s/10000
End     stop
```

プログラム a.8

3. 1万個の点(x, y)のうち$y \leqq x^2$となる回数をsとすれば，面積の近似値は$s/10000$である．よってプログラム a.9 で計算できる．

```
Start   s ←── 0
        i ←── 1
```

```
Next    x ←── rnd(1)
        y ←── rnd(1)
        if y>x² go to Step
        s ←── s+1
Step    i ←── i+1
        if i≦10000 go to Next
        print s/10000
End     stop
```

プログラム a.9

4. $a+2\sin\theta\geqq 1$ を交わる条件にすればよい．プログラム 6.5 において 4 行目を $b\leftarrow rnd(1)+2\sin(p\times rnd(1))$ と替えればよい．

5. プログラム 6.9 の 3 行目，4 行目，9 行目を $j\leftarrow 1$, $f\leftarrow f\times 2$, if $j\leqq 10000$ go to *Loop* と替えればよい．

6. $n=50$ とおいて $50\cdot {}_{99}C_{50}/4^{49}$ を計算しよう．分母を d，分子を n としてプログラム a.10 で計算できる．

```
Start   n ←── 50×99
        d ←── 1
        i ←── 2
Loop    n ←── n×(100−i)/i
        d ←── d×4
        i ←── i+1
        if i≦50 go to Loop
        print n/d
End     stop
```

プログラム a.10

第 7 章

1. $999=512+256+128+64+32+4+2+1$

2. $555_{10}=1000101011_2$

3. $11001100_2=204_{10}$

4. (イ)　11111　　(ロ)　101010　　(ハ)　101100　　(ニ)　100000000
(ホ)　111111110

5. (イ)　100100　　(ロ)　10101　　(ハ)　10010　　(ニ)　1111111
(ホ)　11111111

6. (イ)　11011　　(ロ)　1001011　　(ハ)　110010011
(ニ)　111111111111　　(ホ)　11111100000001

7. (イ)　商 11100　余り 1　　(ロ)　商 1110101　余り 0　　(ハ)　商 101101　余り 101　　(ニ)　商 10110　余り 1011

8. -7

9. (イ)　15　　(ロ)　-16　　(ハ)　170　　(ニ)　-171

10. $a=-556$ のとき $\bar{a}=-a-1=555=1000101011_2$

$\therefore\quad a=1111110111010100$

11. $99999=24999\times 2^2$,　$1/3=21845\times 2^{-16}$

第8章

1. (イ)

```
load     A
add      B
subtract C
store    D
```

(ロ)

```
load     A
subtract B
subtract C
add      D
store    D
```

(ハ)

```
load     A
add      A
subtract B
subtract B
subtract B
add      C
store    D
```

(ニ)

```
load  A
add   A
store D
add   D
store D
add   D
store D
add   D
store D
```

2.

```
load  A
store C
load  B
store A
load  C
store A
```

3.

```
     load        A
     store       C
     subtract    B
     jump minus  M
     stop
M    load        B
     store       C
     stop
```

4. D に答を入れるとすると次のようになる.

```
Start   load        A
Loop    subtract    B
        jump minus  Next
        jump        Loop
Next    add         B
        store       R
        load        Zero
        subtract    R
        jump minus  Change
        jump        Last
Change  load        B
        store       A
        load        R
        store       B
        jump        Start
Last    load        B
```

```
        store      D
        stop
A       *
B       *
D       *
R       *
Zero    0
```

5.

```
        load       One
        store      Nn
        store      N
        store      A
Next    load       Nn
        add        N
        add        N
        add        One
        store      Nn
        add        A
        store      A
        load       N
        add        One
        store      N
        subtract   N40
        jump minus Next
End     stop
One     1
Nn      *
N       *
A       *
N40     40
```

6. $U=49$, $V=50$, $W=51$, $X=52$, $Y=53$, $Z=13$ となる.

7.

```
        write K
```

```
      write A
      write Z
      write U
      write Cr
      stop
K     75
A     65
Z     90
U     85
Cr    13
```

8.

番地	内　容
0	0001000000000111
1	0111000000000011
2	0101000000000000
3	0100000000000111
4	0100000000000111
5	0010000000000111
6	0101000000000000
7	1111111111110001

9.

```
        load         Zero
        store        B
Next    load         B
M       add          A
N       subtract     A1
        store        B
        load         N49
        subtract     One
        store        N49
        jump minus   End
        load         M
        add          Two
```

```
         store   M
         load    N
         add     Two
         store   N
         jump    Next
End      stop
Zero     0
B        *
One      1
Two      2
N49      49
A        *
A1       *
         *
         ⋮
```

第9章

1. $A=0$, $B=1$ のときか，または $C=1$ のとき．

2. (イ) $A=1$, $B=0$ のときか，または $C=0$ のときか，または $D=1$ のとき． (ロ) $A=1$, $C=0$, $D=1$ のときか，または $B=0$, $C=0$, $D=1$ のとき．

3. 表 9.7 を見れば A, B, C の 2 つ以上が 1 であれば桁上りが発生する．問題の回路は A, B, C のうち少なくとも 2 つが 1 であれば答が 1 となるので，図 9.31 と同じ働きをする．

4. A, B の組み合せにより，C と S の変化は次の表のようになる．よって

A	B	$A-B$	C	S
0	0	0	0	0
0	1	−1	1	1
1	0	1	0	1
1	1	0	0	0

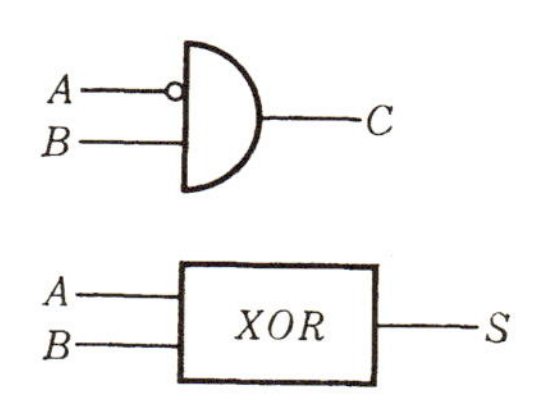

回路は前頁右図になる.

5. A, B, C の組み合せにより D と S の変化は次の表のようになる.

A	B	C	$A-B-C$	D	S
0	0	0	0	0	0
0	0	1	−1	1	1
0	1	0	−1	1	1
0	1	1	−2	1	0
1	0	0	1	0	1
1	0	1	0	0	0
1	1	0	0	0	0
1	1	1	−1	1	1

よって D および S は次の回路で得られる.

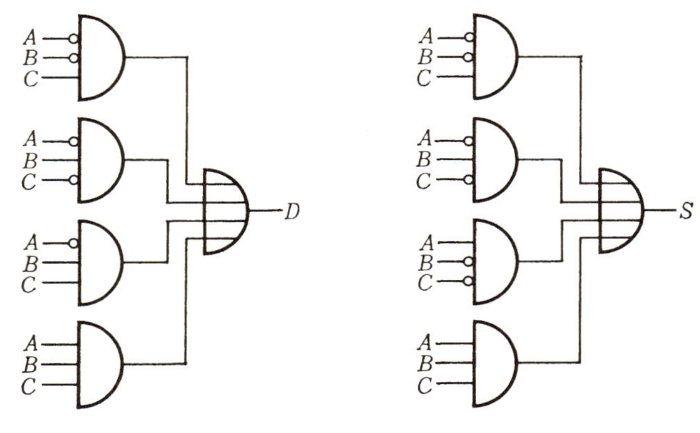

6.

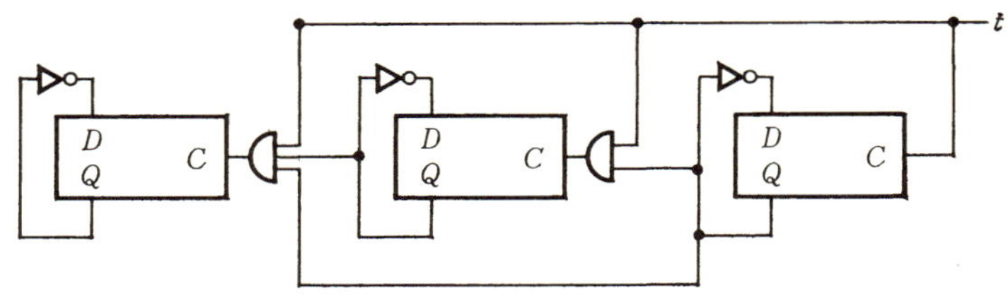

第10章

1.

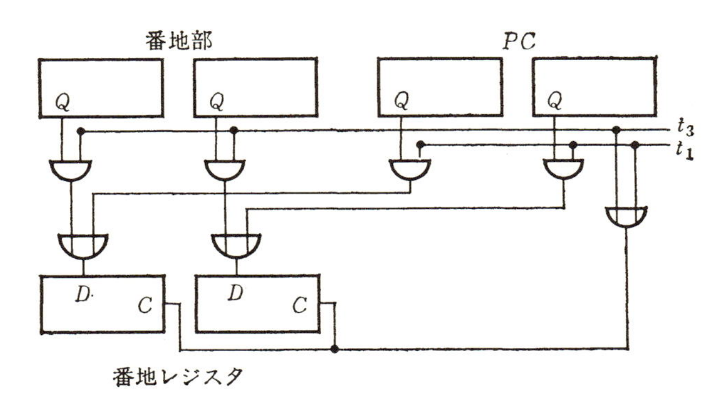

2.

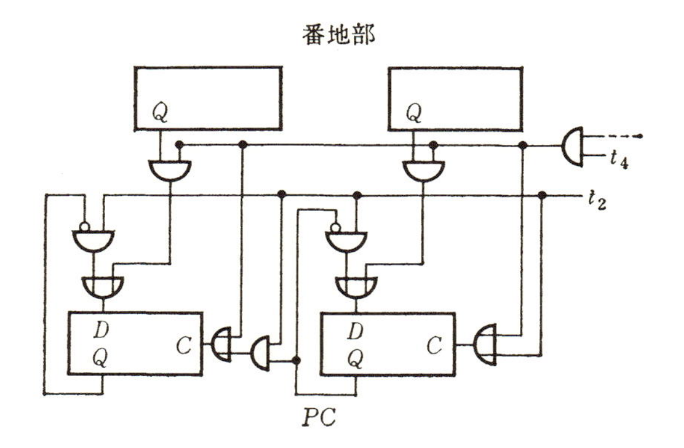

索引

ア 行

カ 行

サ 行

タ 行

ナ 行

ハ 行

マ 行

ヤ 行

ラ 行

英 字

新装版 数学入門シリーズ
コンピュータのしくみ

2015年3月6日 第1刷発行

著 者 和田秀男（わだひでお）

発行者 岡本 厚

発行所 株式会社 岩波書店
〒101-8002 東京都千代田区一ツ橋2-5-5
電話案内 03-5210-4000
http://www.iwanami.co.jp/

印刷・精興社 製本・中永製本

ISBN 978-4-00-029838-4 Printed in Japan